生态卷

LIVING
BUTTERFLIES

裳凤蝶/云南西双版纳/王昌大/0022

裳凤蝶/云南西双版纳/王昌大/0022

裳凤蝶/云南西双版纳/王昌大/0022

金裳凤蝶/台湾新竹/林柏昌/0022

荧光裳凤蝶/台湾台东/林柏昌/0022

曙凤蝶/台湾台中/林柏昌/0037　　　　　　　　　　　　　　曙凤蝶/台湾台中/林柏昌/0037

曙凤蝶/台湾花莲/吕晟智/0037

暖曙凤蝶/广东龙门/陈嘉霖/0037

暖曙凤蝶/云南德州/王昌大/0037

麝凤蝶/福建福州/曲利明/0043

长尾麝凤蝶/台湾高雄/林柏昌/0043

多姿麝凤蝶/云南西双版纳/陈尽虫/0050

多姿麝凤蝶/云南临沧/侯鸣飞/0050

红珠凤蝶/台湾南投/林柏昌/0074

小黑斑凤蝶/台湾台北/林柏昌/0078

小黑斑凤蝶/湖南郴州/王军/0078

小黑斑凤蝶/湖南郴州/王军/0078

褐斑凤蝶/湖南郴州/王军/0078

褐斑凤蝶/台湾新北/林柏昌/0078

翠蓝斑凤蝶/云南西双版纳/王昌大/0083

宽尾凤蝶/浙江永康/张红飞/0083

宽尾凤蝶/湖南郴州/王军/0083

台湾宽尾凤蝶/台湾宜兰/林柏昌/0083

玉带凤蝶/云南元江/侯鸣飞/0092

玉带凤蝶/福建福州/曲利明/0092

宽带凤蝶/云南个旧/陈尽虫/0092

宽带凤蝶/台湾南投/林柏昌/0092

玉斑凤蝶/广东珠海/程斌/0092

玉斑凤蝶/西藏墨脱/程斌/0092

玉斑凤蝶／福建福州／曲利明／0092

玉牙凤蝶／台湾台北／林柏昌／0103

蓝凤蝶/广东深圳/陈久桐/0103

蓝凤蝶/台湾台北/林柏昌/0103

蓝凤蝶/福建福州/曲利明/0103

美凤蝶/台湾台北/王柏昌/0110　　　　　　　　　　　　　　　　美凤蝶/广东深圳/陈久桐/0110

美凤蝶/广东珠海/程斌/0110

红基美凤蝶/四川绵阳/王昌大/0110

台湾凤蝶/台湾南投/林柏昌/0110

台湾凤蝶/台湾花莲/林柏昌/0110

碧凤蝶/湖南郴州/王军/0131

碧凤蝶/四川天全/朱建青/0131

碧凤蝶/广东深圳/陈久桐/0131

穹翠凤蝶/湖南郴州/王军/0131

穹翠凤蝶/福建福州/曲利明/0131

绿带翠凤蝶/北京/谷宇/0131

绿带翠凤蝶/北京/毕明磊/0131

重帏翠凤蝶/台湾花莲/吕晟智/0131

重帏翠凤蝶/台湾花莲/林柏昌/0131

巴黎翠凤蝶/云南元江/侯鸣飞/0159

巴黎翠凤蝶/福建福州/江凡/0159

台湾琉璃翠凤蝶／台湾南投／林柏昌／0159

台湾琉璃翠凤蝶／台湾南投／林柏昌／0159

达摩凤蝶／台湾基隆／林柏昌／0168

达摩凤蝶／云南西双版纳／王昌大／0168

柑橘凤蝶/浙江永康/张红飞/0168

柑橘凤蝶/云南楚雄/王昌大/0168

柑橘凤蝶/湖南郴州/王军/0168

金凤蝶/湖南郴州/王军/0168

金凤蝶/湖南郴州/王军/0168

绿带燕凤蝶/广西平果/王军/0178

绿带燕凤蝶/广西平果/王军/0178

燕凤蝶/云南个旧/陈尽虫/0178

燕凤蝶/云南个旧/陈尽虫/0178

宽带青凤蝶/广东始兴/王军/0182

宽带青凤蝶/台湾台北/林柏昌/0182

青凤蝶/江西龙南/陈久桐/0182

青凤蝶/湖南郴州/王军/0182

青凤蝶/台湾基隆/林柏昌/0182

碎斑青凤蝶/云南金平/侯鸣飞/0190 碎斑青凤蝶/湖南郴州/王军/0190

碎斑青凤蝶/西藏墨脱/王昌大/0190

银钩青凤蝶/云南西双版纳/陈尽虫/0190

木兰青凤蝶/台湾台北/林柏昌/0190

统帅青凤蝶/福建福州/曲利明/0190

统帅青凤蝶/福建福州/曲利明/0190

纹凤蝶/云南西双版纳/陈尽虫/0199

斜纹绿凤蝶/云南西双版纳/陈尽虫/0203

绿凤蝶/云南西双版纳/王昌大/0203

绿凤蝶/云南西双版纳/陈尽虫/0203

绿凤蝶/广东广州/陈久桐/0203

红绶绿凤蝶/云南个旧/陈尽虫/0203

红绶绿凤蝶/云南元江/侯鸣飞/0203

四川剑凤蝶/四川宝兴/李闽/0210

四川剑凤蝶/四川宝兴/李闽/0210

四川剑凤蝶/浙江永康/张红飞/0210

铁木剑凤蝶/福建福州/江凡/0210

铁木剑凤蝶/台湾台北/林柏昌/0210

升天剑凤蝶/台湾新北/徐堉峰/0211

升天剑凤蝶/湖南郴州/王军/0211

旖凤蝶/新疆新源/邢睿/0222

钩凤蝶／海南白沙／程斌／0224

褐钩凤蝶／四川绵阳／王昌大／0224

褐钩凤蝶／江西井冈山／王军／0224

丝带凤蝶/北京/毕明磊/0235

丝带凤蝶/北京/侯鸣飞/0235

丝带凤蝶/北京/王春浩/0235

丝带凤蝶/北京/王春浩/0235

中华虎凤蝶/江苏南京/张松奎/0237

中华虎凤蝶/湖南桃源/徐靖峰/0237

三尾凤蝶/四川宝兴/李闽/0239

三尾凤蝶/四川宝兴/李闽/0239

阿波罗绢蝶／新疆伊犁／邢睿／0244

阿波罗绢蝶／新疆伊犁／邢睿／0244

小红珠绢蝶/北京/毕明磊/0244

小红珠绢蝶/北京/谷宇/0244

天山绢蝶/新疆乌鲁木齐/邢睿/0244

天山绢蝶／新疆伊犁／邢睿／0244

依帕绢蝶／青海玛沁／陈尽虫／0257

依帕绢蝶／青海玉树／邢睿／0257

夏梦绢蝶/新疆塔县/邢睿/0257

夏梦绢蝶/新疆塔县/邢睿/0257

中亚丽绢蝶/新疆察布查尔/邢睿/0257

红珠绢蝶/北京/谷宇/0257

红珠绢蝶/北京/谷宇/0257

红珠绢蝶/北京/王春浩/0257

福布绢蝶/新疆青河/邢睿/0257

冰清绢蝶/江苏南京/张松奎/0258

爱侣绢蝶/新疆禾木/邢睿/0258

珍珠绢蝶/青海果洛/陈尽虫/0258

珍珠绢蝶/青海果洛/陈尽虫/0258

珍珠绢蝶/云南德钦/程斌/0258

联珠绢蝶/西藏阿里/程斌/0258

君主绢蝶/云南德钦/程斌/0258

君主绢蝶/甘肃永靖/田建北/0258

君主绢蝶/甘肃永靖/田建北/0258

君主绢蝶/甘肃永靖/田建北/0258

孔雀绢蝶/新疆阿克苏/邢睿/0277

元首绢蝶/云南德钦/程斌/0278

元首绢蝶/云南德钦/程斌/0278

西猴绢蝶/云南德钦/程斌/0285

迁粉蝶/云南西双版纳/陈尽虫/0290

迁粉蝶/台湾屏东/林柏昌/0290

迁粉蝶/台湾台北/林柏昌/0290

梨花迁粉蝶/福建福州/曲利明/0290

梨花迁粉蝶/湖南郴州/王军/0290

梨花迁粉蝶/湖南郴州/王军/0290

黑角方粉蝶／西藏墨脱／李闽／0295

东亚豆粉蝶／北京／朱建青／0299

东亚豆粉蝶/新疆喀什/高守东/0299

东亚豆粉蝶/湖南郴州/王军/0299

东亚豆粉蝶/台湾基隆/林柏昌/0299

橙黄豆粉蝶/浙江永康/张红飞/0299

橙黄豆粉蝶/四川绵阳/王昌大/0299

橙黄豆粉蝶/河南内乡/陈尽虫/0299

橙黄豆粉蝶/甘肃榆中/田建北/0299

斑缘豆粉蝶/新疆博乐/邢睿/0299

斑缘豆粉蝶/新疆吉木萨尔/邢睿/0299

山豆粉蝶/甘肃榆中/田建北/0305

黎明豆粉蝶/北京/谷宇/0311

曙红豆粉蝶/新疆塔县/邢睿/0315

曙红豆粉蝶/新疆塔县/邢睿/0315

砂豆粉蝶／新疆和静／邢睿／0315

砂豆粉蝶／新疆和静／邢睿／0315

无标黄粉蝶/台湾屏东/林柏昌/0319

尖角黄粉蝶/福建福州/江凡/0319

尖角黄粉蝶/台湾屏东/林柏昌/0319

宽边黄粉蝶/北京/王春浩/0319

宽边黄粉蝶/广东广州/陈久桐/0319

北黄粉蝶/湖南郴州/王军/0320

北黄粉蝶/江西玉山/朱建青/0320

檗黄粉蝶／台湾台北／林柏昌／0320

檗黄粉蝶／广东广州／陈久桐／0320

檗黄粉蝶/云南个旧/陈尽虫/0320

安迪黄粉蝶/云南元江/朱建青/0320

安迪黄粉蝶/台湾屏东/林柏昌/0320

安迪黄粉蝶/云南个旧/陈尽虫/0320

淡色钩粉蝶/甘肃榆中/田建北/0326

台湾钩粉蝶/台湾新竹/林柏昌/0326

钩粉蝶/北京/毕明磊/0327

圆翅钩粉蝶/湖南郴州/王军/0327

圆翅钩粉蝶/台湾苗栗/林柏昌/0327

橙粉蝶/广东深圳/陈久桐/0331

橙粉蝶/台湾埔里/林柏昌/0331

橙粉蝶/海南乐东/王军/0331

报喜斑粉蝶/云南金平/侯鸣飞/0334

报喜斑粉蝶/海南乐东/王军/0334

报喜斑粉蝶/台湾桃园/林柏昌/0334

优越斑粉蝶/云南西双版纳/陈尽虫/0334

优越斑粉蝶/广西平果/王军/0334

优越斑粉蝶／台湾高雄／林柏昌／0334

侧条斑粉蝶／台湾桃园／林柏昌／0339

艳妇斑粉蝶/云南西双版纳/陈尽虫/0339

艳妇斑粉蝶/西藏察隅/吴振军/0339

倍林斑粉蝶/台湾桃园/林柏昌/0344

内黄斑粉蝶/云南贡山/李闽/0344

内黄斑粉蝶/云南贡山/吴振军/0344

奥古斑粉蝶/云南西双版纳/陈尽虫/0344

红肩斑粉蝶/云南西双版纳/陈尽虫/0344

红肩斑粉蝶/云南西双版纳/王昌大/0344

利比尖粉蝶/台湾台南/徐堉峰/0350

利比尖粉蝶/台湾台南/徐堉峰/0350

利比尖粉蝶/台湾高雄/林柏昌/0350

宝玲尖粉蝶/台湾基隆/林柏昌/0350

宝玲尖粉蝶/台湾基隆/林柏昌/0350

白翅尖粉蝶/台湾彰化/林柏昌/0350

白翅尖粉蝶/云南西双版纳/陈尽虫/0350

雷震尖粉蝶/台湾基隆/林柏昌/0350

帕帝尖粉蝶/海南陵水/朱建青/0355

灵奇尖粉蝶/海南白沙/程斌/0355

灵奇尖粉蝶/台湾屏东/徐堉峰/0355

灵奇尖粉蝶/台湾台北/林柏昌/0355

红翅尖粉蝶/云南西双版纳/陈尽虫/0355

锯粉蝶/云南河口/陈尽虫/0359

锯粉蝶/云南河口/陈尽虫/0359

锯粉蝶/台湾南投/林柏昌/0359

绢粉蝶/河北围场/侯鸣飞/0363

小蘖绢粉蝶/甘肃榆中/田建北/0363

暗色绢粉蝶/云南丽江/朱建青/0363

马丁绢粉蝶/甘肃榆中/田建北/0363

马丁绢粉蝶/西藏察隅/李闽/0363

酪色绢粉蝶／甘肃榆中／田建北／0368

普通绢粉蝶／台湾花莲／林柏昌／0368

中亚绢粉蝶／新疆阿克苏／邢睿／0368

秦岭绢粉蝶/甘肃榆中/田建北/0368

秦岭绢粉蝶/甘肃榆中/田建北/0368

大翅绢粉蝶/湖南郴州/王军/0379

大翅绢粉蝶/陕西凤县/谷宇/0379

利箭绢粉蝶/西藏墨脱/李闽/0387

利箭绢粉蝶/西藏墨脱/李闽/0387

完善绢粉蝶/台湾花莲/林柏昌/0392

完善绢粉蝶/云南贡山/程斌/0392

完善绢粉蝶/西藏墨脱/李闽/0392

丫纹绢粉蝶/西藏察隅/吴振军/0392

丫纹绢粉蝶/云南贡山/李闽/0392

黑脉园粉蝶/广东龙门/陈嘉霖/0397

黑脉园粉蝶/台湾屏东/林柏昌/0397

青园粉蝶/云南元江/侯鸣飞/0397

青园粉蝶/台湾南投/林柏昌/0397

欧洲粉蝶/甘肃兰州/田建北/0400

欧洲粉蝶/云南个旧/陈尽虫/0400

菜粉蝶/湖南郴州/王军/0400

菜粉蝶/甘肃兰州/田建北/0400

菜粉蝶/北京/王春浩/0400

东方菜粉蝶/浙江永康/张红飞/0401

东方菜粉蝶/四川绵阳/王昌大/0401

东方菜粉蝶/海南陵水/朱建青/0401

克莱粉蝶／新疆阿克陶／邢睿／0401　　　　　　　　　　　　　　　克莱粉蝶／新疆阿克陶／邢睿／0401

暗脉粉蝶／四川郴州／王军／0401

黑纹粉蝶/云南个旧/陈尽虫/0405

黑纹粉蝶/甘肃榆中/田建北/0405

黑纹粉蝶/四川都江堰/陈尽虫/0405

大展粉蝶/四川天全/朱建青/0405

斯托粉蝶/云南丽江/朱建青/0410

绿云粉蝶/新疆布尔津/邢睿/0414

绿云粉蝶/甘肃永靖/田建北/0414

云粉蝶/甘肃兰州/田建北/0414

云粉蝶/山西宁武/朱建青/0414

云粉蝶/北京/陈尽虫/0414

箭纹云粉蝶/新疆布尔津/邢睿/0414

箭纹云粉蝶/新疆乌鲁木齐/邢睿/0414

飞龙粉蝶／台湾基隆／林柏昌／0416

妹粉蝶/青海久治/陈尽虫/0416

妹粉蝶/西藏察隅/吴振军/0416

芭侏粉蝶/西藏察隅/李闽/0417

纤粉蝶/广东韶关/程斌/0417

纤粉蝶/台湾台南/林柏昌/0417

鹤顶粉蝶/广东始兴/王军/0422

鹤顶粉蝶/台湾台北/林柏昌/0422

黄尖襟粉蝶/浙江永康/张红飞/0426

黄尖襟粉蝶/湖南郴州/王军/0426

皮氏尖襟粉蝶／甘肃榆中／田建北／0426

红襟粉蝶／青海果洛／陈尽虫／0426

红襟粉蝶/甘肃榆中/田建北/0426

红襟粉蝶/甘肃榆中/田建北/0426

橙翅襟粉蝶/江苏句容/朱建青/0426

橙翅襟粉蝶/江苏南京/张松奎/0426

赤眉粉蝶/新疆乌鲁木齐/邢睿/0427

暮眼蝶/云南玉溪/陈尽虫/0432

暮眼蝶/福建福州/曲利明/0432

暮眼蝶/湖南郴州/王军/0432

睇暮眼蝶/广东珠海/程斌/0432

睇暮眼蝶/广东龙门/陈久桐/0432

睇暮眼蝶/云南西双版纳/陈尽虫/0432

黛眼蝶/湖南郴州/王军/0441

黛眼蝶/浙江泰顺/朱建青/0441

安徒生黛眼蝶/云南元江/侯鸣飞/0441

银纹黛眼蝶/云南贡山/李闽/0445

戈黛眼蝶/云南贡山/李闽/0447

傈僳黛眼蝶/云南贡山/李闽/0452

高帕黛眼蝶/云南玉溪/陈尽虫/0453

李斑黛眼蝶/台湾花莲/吕晟智/0457

连纹黛眼蝶/湖南郴州/王军/0457

连纹黛眼蝶/广东韶关/程斌/0457

直带黛眼蝶/湖南郴州/王军/0461

直带黛眼蝶/浙江宁波/朱建青/0461

蒙链荫眼蝶/福建福州/曲利明/0501

蓝斑丽眼蝶/湖南郴州/王军/0512

蓝斑丽眼蝶/浙江永康/张红飞/0512

网眼蝶/四川天全/朱建青/0514

豹眼蝶/福建邵武/江凡/0516

豹眼蝶/福建邵武/江凡/0516

藏眼蝶/北京/谷宇/0522

棕带眼蝶/贵州六盘水/曹峰/0519　　　　　　　　　　　　　藏眼蝶/北京/侯鸣飞/0522

藏眼蝶/北京/王春浩/0522

黄环链眼蝶／甘肃榆中／田建北／0524

黄环链眼蝶／北京／谷宇／0524

黄环链眼蝶／甘肃榆中／田建北／0524

大毛眼蝶/贵州威宁/曹峰/0525

大毛眼蝶/西藏察隅/李闽/0525

斗毛眼蝶/河北丰宁/侯鸣飞/0525

斗毛眼蝶/河北丰宁/侯鸣飞/0525

玛毛眼蝶/新疆哈巴河/邢睿/0526

多眼蝶/甘肃榆中/田建北/0531

多眼蝶/北京/谷宇/0531

奥眼蝶／海南五指山／李闽/0531

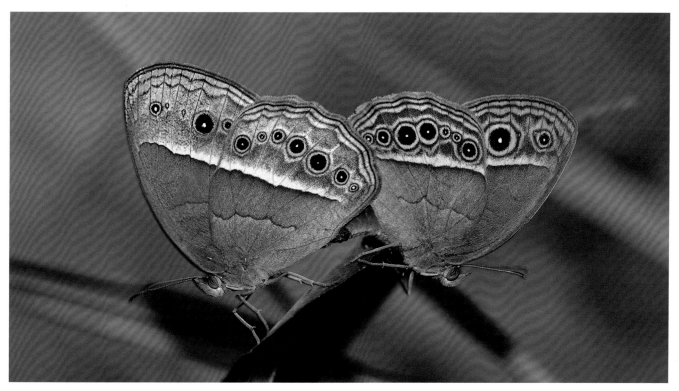

小眉眼蝶／广东东莞／陈久桐/0533

小眉眼蝶/广东广州/陈尽虫/0533

小眉眼蝶/广东广州/陈尽虫/0533

裴斯眉眼蝶/台湾高雄/林柏昌/0533

平顶眉眼蝶/福建南平/江凡/0534

上海眉眼蝶/台湾花莲/林柏昌/0534

稻眉眼蝶/湖南郴州/王军/0534

稻眉眼蝶/台湾台北/林柏昌/0534

稻眉眼蝶/四川绵阳/王昌大/0534

君主眉眼蝶/云南西双版纳/陈尽虫/0534

君主眉眼蝶/云南西双版纳/陈尽虫/0534

君主眉眼蝶/云南河口/陈尽虫/0534

白斑眼蝶/福建福州/曲利明/0543

白斑眼蝶/福建福州/曲利明/0543

台湾斑眼蝶/台湾花莲/林柏昌/0543

箭纹粉眼蝶/陕西凤县/谷宇/0548

黄带凤眼蝶/西藏墨脱/王昌大/0548

凤眼蝶/云南芒东/徐堉峰/0548

蓝穹眼蝶/海南五指山/李闽/0551

翠袖锯眼蝶/台湾花莲/林柏昌/0554

翠袖锯眼蝶/福建福州/江凡/0554

玳眼蝶／云南西双版纳／陈尽虫／0559

甘藏白眼蝶/甘肃榆中/田建北/0561

甘藏白眼蝶/甘肃榆中/田建北/0561

华北白眼蝶/北京/毕明磊/0561

黑纱白眼蝶/浙江永康/张红飞/0561

黑纱白眼蝶/浙江永康/张红飞/0561

亚洲白眼蝶/四川天全/朱建青/0562

俄罗斯白眼蝶/新疆和静/邢睿/0562

俄罗斯白眼蝶/新疆裕民/邢睿/0562

西方云眼蝶/甘肃榆中/田建北/0567

西方云眼蝶/甘肃榆中/田建北/0567

西方云眼蝶/甘肃榆中/田建北/0567

黄衬云眼蝶/新疆博尔/邢睿/0567

黄衬云眼蝶/新疆布尔津/邢睿/0567

劳彼云眼蝶／新疆吉木萨尔／邢睿/0567

娜里云眼蝶／新疆吉木萨尔／邢睿/0567

玄裳眼蝶/甘肃永靖/田建北/0570

玄裳眼蝶/北京/谷宇/0570

玄裳眼蝶/甘肃永靖/田建北/0570

蛇眼蝶/新疆布尔津/邢睿/0571

蛇眼蝶/北京/王春浩/0571

蛇眼蝶/新疆布尔津/邢睿/0571

永泽蛇眼蝶／台湾台中／林柏昌／0571

永泽蛇眼蝶／台湾花莲／徐堉峰／0571

异点蛇眼蝶／甘肃榆中／田建北／0571

槁眼蝶／新疆布尔津／邢睿／0576

寿眼蝶／新疆古尔图／邢睿／0577

寿眼蝶／新疆古尔图／邢睿／0577

仁眼蝶／甘肃永靖／田建北／0580

仁眼蝶／新疆精河／邢睿／0580

仁眼蝶／北京／谷宇／0580

白室岩眼蝶／新疆阿克陶／邢睿／0581

白室岩眼蝶／新疆裕民／邢睿／0581

白室岩眼蝶／新疆裕民／邢睿／0581

白室岩眼蝶/新疆阿克陶/邢睿/0581

八字岩眼蝶/新疆裕民/邢睿/0581

四射林眼蝶/云南德钦/李闽/0584

绢眼蝶/北京/王春浩/0587

矍眼蝶/广东广州/陈久桐/0590

矍眼蝶/福建福州/曲利明/0590

卓矍眼蝶/贵州贵阳/朱建青/0590

卓矍眼蝶/贵州贵阳/朱建青/0590

卓矍眼蝶/四川绵阳/王昌大/0590

前雾矍眼蝶/广东乳源/陈嘉霖/0593

幽矍眼蝶/台湾新竹/林柏昌/0593

拟四眼矍眼蝶/海南乐东/朱建青/0599

密纹矍眼蝶/台湾台北/林柏昌/0599

密纹矍眼蝶/台湾高雄/徐堉峰/0599

密纹矍眼蝶/台湾台北/徐堉峰/0599

密纹矍眼蝶/福建福州/曲利明/0599

淡波矍眼蝶／云南丽江／朱建青／0604

大波矍眼蝶／台湾基隆／林柏昌／0604

古眼蝶／台湾桃园／林柏昌／0606

白边艳眼蝶／西藏察隅／李闽／0608

白边艳眼蝶／西藏察隅／吴振军／0608

白边艳眼蝶／西藏察隅／吴振军／0608

白瞳舜眼蝶/北京/谷宇/0611

白瞳舜眼蝶/甘肃榆中/田建北/0611

白瞳舜眼蝶／甘肃榆中／田建北／0611

草原舜眼蝶／贵州威宁／曹峰／0611

巨睛舜眼蝶/云南德钦/吴振军/0613

红裙边明眸眼蝶/西藏察隅/李闽/0617

耳环优眼蝶/甘肃榆中/田建北/0619

耳环优眼蝶/甘肃榆中/田建北/0619

蒙古酒眼蝶/北京/谷宇/0622

爱珍眼蝶/北京/王春浩/0626

爱珍眼蝶/河北围场/侯鸣飞/0626

牧女珍眼蝶/北京/陈尽虫/0626

牧女珍眼蝶/北京/侯鸣飞/0626

绿斑珍眼蝶/新疆博乐/邢睿/0626

英雄珍眼蝶/北京/毕明磊/0626

油庆珍眼蝶/北京/谷宇/0627

油庆珍眼蝶/新疆布尔津/邢睿/0627

油庆珍眼蝶／新疆布尔津／邢睿／0627

潘非珍眼蝶／新疆特克斯／邢睿／0627

阿芬眼蝶/甘肃永靖/田建北/0629

阿芬眼蝶/青海久治/陈尽虫/0629

阿勒眼蝶/新疆塔城/邢睿/0631

贝眼蝶/北京/曹峰/0632

波翅红眼蝶/新疆布尔津/邢睿/0634

波翅红眼蝶/北京/谷宇/0634

酡红眼蝶/新疆布尔津/邢睿/0636

酡红眼蝶/新疆布尔津/邢睿/0636

图兰红眼蝶/新疆博尔/邢睿/0636

图兰红眼蝶/新疆博尔/邢睿/0636

西宝红眼蝶/新疆喀什/邢睿/0636

朴喙蝶/福建福州/曲利明/0640

朴喙蝶/台湾台北/林柏昌/0640

朴喙蝶/北京/谷宇/0640

棒纹喙蝶/海南白沙/程斌/0640

虎斑蝶/云南西双版纳/王昌大/0642

虎斑蝶/湖南郴州/王军/0642

虎斑蝶/云南元江/侯鸣飞/0642

虎斑蝶/福建福州/江凡/0642

虎斑蝶/福建福州/林峰/0642

金斑蝶/湖南郴州/王军/0642

青斑蝶/云南西双版纳/王昌大/0646

啬青斑蝶/台湾台东/林柏昌/0646

啬青斑蝶/福建福州/江凡/0646

大绢斑蝶/云南个旧/陈尽虫/0651

大绢斑蝶/四川绵阳/王昌大/0651

大绢斑蝶/台湾台北/林柏昌/0651

大绢斑蝶/海南乐东/朱建青/0651

史氏绢斑蝶/广西兴安/朱建青/0652

绢斑蝶／云南元江／侯鸣飞／0652

绢斑蝶／台湾台北／林柏昌／0652

绢斑蝶／海南白沙／程斌／0652

拟旖斑蝶／台湾台北／林柏昌／0661

拟旖斑蝶／福建福州／曲利明／0661

大帛斑蝶/台湾屏东/林柏昌/0664

蓝点紫斑蝶/云南西双版纳/王昌大/0667

异型紫斑蝶／台湾台北／林柏昌／0673

异型紫斑蝶／云南西双版纳／王昌大／0673

异型紫斑蝶／云南普洱／程斌／0673

双标紫斑蝶／台湾基隆／林柏昌／0673

妒丽紫斑蝶／台湾台北／林柏昌／0673

绢蛺蝶/台湾台北/林柏昌/0680

绢蛺蝶和大卫绢蛺蝶/云南贡山/程斌/0680

凤眼方环蝶/台湾台北/林柏昌/0687

凤眼方环蝶/广东珠海/程斌/0687

惊恐方环蝶/云南河口/陈尽虫/0687

斜带环蝶/云南个旧/陈尽虫/0697

斜带环蝶/云南西双版纳/王昌大/0697

纹环蝶/福建福州/曲利明/0700

纹环蝶/广东始兴/陈久桐/0700

箭环蝶/台湾台中/林柏昌/0703

箭环蝶/浙江永康/张红飞/0703

华西箭环蝶/福建福州/曲利明/0703

华西箭环蝶/广东乳源/陈嘉霖/0703

华西箭环蝶/湖南郴州/王军/0703

心斑箭环蝶/海南五指山/李闽/0703

白袖箭环蝶 /云南金平/陈尽虫/0712

喜马箭环蝶/西藏墨脱/李闽/0712

喜马箭环蝶/西藏墨脱/李闽/0712

褐串珠环蝶/云南河口/陈尽虫/0721

串珠环蝶/海南海口/陈尽虫/0721

串珠环蝶/广东深圳/陈久桐/0721

灰翅串珠环蝶/四川绵阳/王昌大/0721

苎麻珍蝶/福建武夷山/陈嘉霖/0726

苎麻珍蝶／福建福州／曲利明／0726

苎麻珍蝶／台湾桃园／林柏昌／0726

苎麻珍蝶／安徽金寨／陈尽虫／0726

红锯蛱蝶／云南瑞丽／徐堉峰／0728

红锯蛱蝶／西藏墨脱／程斌／0728

红锯蛱蝶／云南元江／侯鸣飞／0728

白带锯蛱蝶／广东广州／陈久桐／0728

白带锯蛱蝶／广东广州／陈久桐／0728

白带锯蛱蝶／云南元江／侯鸣飞／0728

文蛱蝶/云南普洱/陈尽虫/0731

文蛱蝶/云南西双版纳/王昌大/0731

文蛱蝶/云南西双版纳/王昌大/0731

彩蛱蝶/四川绵阳/王昌大/0733

彩蛱蝶/云南西双版纳/陈尽虫/0733

黄襟蛱蝶／台湾台北／林柏昌／0735

珐蛱蝶／台湾南投／林柏昌／0735

珐蛱蝶／台湾台南／徐堉峰／0735

幸运辘蛱蝶／云南个旧／侯鸣飞／0737

幸运辘蛱蝶／云南个旧／侯鸣飞／0737

辘蛱蝶／西藏墨脱／程斌／0737

绿豹蛱蝶/四川绵阳/王昌大/0739

绿豹蛱蝶/北京/谷宇/0739

绿豹蛱蝶/四川绵阳/王昌大/0739

绿豹蛱蝶/北京/毕明磊/0739

斐豹蛱蝶/四川绵阳/王昌大/0739

斐豹蛱蝶/浙江永康/张红飞/0739

斐豹蛱蝶/福建福州/林峰/0739

斐豹蛱蝶/台湾桃园/林柏昌/0739

斐豹蛱蝶/福建福州/林峰/0739

斐豹蛱蝶／福建福州／曲利明／0739

斐豹蛱蝶／湖南郴州／王军／0739

斐豹蛱蝶／四川绵阳／王昌大／0739

老豹蛱蝶/北京/谷宇/0742

老豹蛱蝶/甘肃榆中/田建北/0742

潘豹蛱蝶/新疆裕民/邢睿/0742

潘豹蛱蝶/新疆裕民/邢睿/0742

潘豹蛱蝶/新疆裕民/邢睿/0742

云豹蛱蝶/安徽金寨/陈尽虫/0743

伊诺小豹蛱蝶/北京/毕明磊/0745

伊诺小豹蛱蝶/新疆布尔津/邢睿/0745

小豹蛱蝶/北京/谷宇/0745

小豹蛱蝶/北京/毕明磊/0745

青豹蛱蝶/贵州贵阳/朱建青/0746

青豹蛱蝶/浙江永康/张红飞/0746

银豹蛱蝶/四川天全/朱建青/0749

银豹蛱蝶/四川绵阳/王昌大/0749

曲纹银豹蛱蝶/北京/谷宇/0749

银斑豹蛱蝶/新疆乌鲁木齐/邢睿/0752

银斑豹蛱蝶/北京/毕明磊/0752

银斑豹蛱蝶/北京/毕明磊/0752

福蛱蝶/新疆博乐/邢睿/0752

灿福蛱蝶/北京/谷宇/0754

东亚福蛱蝶/甘肃榆中/田建北/0754

东亚福蛱蝶/甘肃榆中/田建北/0754

珍蛱蝶/青海果洛/陈尽虫/0758

珍蛱蝶/甘肃榆中/田建北/0758

西冷珍蛱蝶/河北赤城/毕明磊/0758

西冷珍蛱蝶/河北赤城/毕明磊/0758

北国珍蛱蝶/河北赤城/毕明磊/0759

膝宝蛱蝶/新疆乌鲁木齐/邢睿/0763

膝宝蛱蝶/新疆乌鲁木齐/邢睿/0763

珠蛱蝶/贵州威宁/曹峰/0765

枯叶蛱蝶/台湾南投/林柏昌/0767

枯叶蛱蝶/广东龙门/陈嘉霖/0767

枯叶蛱蝶/广东深圳/陈久桐/0767

枯叶蛱蝶/福建邵武/江凡/0767

蓝带枯叶蛱蝶／西藏墨脱／程斌／0767

蓝带枯叶蛱蝶／西藏墨脱／程斌／0767

指斑枯叶蛱蝶/西藏墨脱/张松奎/0767

指斑枯叶蛱蝶/西藏墨脱/程斌/0767

指斑枯叶蛱蝶/海南白沙/程斌/0767

指斑枯叶蛱蝶/海南白沙/程斌/0767

蠹叶蛱蝶/云南西双版纳/陈尽虫/0768

蠹叶蛱蝶/云南西双版纳/陈尽虫/0768

金斑蛱蝶/云南元阳/陈尽虫/0777

金斑蛱蝶/云南元阳/陈尽虫/0777

幻紫斑蛱蝶/台湾南投/林柏昌/0777

幻紫斑蛱蝶/云南西双版纳/邢睿/0777

幻紫斑蛱蝶/云南个旧/侯鸣飞/0777

朱蛱蝶/甘肃榆中/侯鸣飞/0781

白矩朱蛱蝶/北京/谷宇/0781

荨麻蛱蝶/新疆乌鲁木齐/邢睿/0785

孔雀蛱蝶/北京/毕明磊/0784

荨麻蛱蝶/河北赤城/毕明磊/0785

荨麻蛱蝶/四川绵阳/王昌大/0785

中华荨麻蛱蝶/西藏林芝/张松奎/0785

琉璃蛱蝶/四川绵阳/王昌大/0788

琉璃蛱蝶/广东东莞/陈久桐/0788

白钩蛱蝶/台湾花莲/林柏昌/0790

白钩蛱蝶/北京/毕明磊/0790

白钩蛱蝶/内蒙古阿拉善/林剑声/0790

黄钩蛱蝶／四川绵阳／王昌大／0790

黄钩蛱蝶／福建福州／江凡／0790

黄钩蛱蝶／福建福州／林峰／0790

大红蛱蝶/福建福州/曲利明/0793

大红蛱蝶/福建福州/林峰/0793

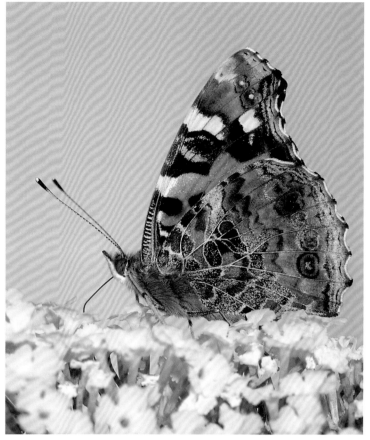

大红蛱蝶/北京/侯鸣飞/0793

大红蛱蝶/北京/朱建青/0793

小红蛱蝶/北京/王春浩/0793

小红蛱蝶/四川绵阳/王昌大/0793

美眼蛱蝶/四川绵阳/王昌大/0796

美眼蛱蝶/湖南郴州/王军/0796

美眼蛱蝶/广东龙门/陈久桐/0796

美眼蛱蝶/福建福州/林峰/0796

翠蓝眼蛱蝶／湖南郴州／王军／0796

翠蓝眼蛱蝶／四川雅安／程斌／0796

翠蓝眼蛱蝶／台湾台北／林柏昌／0796

翠蓝眼蛱蝶／云南景东／陈尽虫／0796

黄裳眼蛱蝶/云南元江/侯鸣飞/0799

黄裳眼蛱蝶/海南昌江/朱建青/0799

黄裳眼蛱蝶/云南元江/侯鸣飞/0799

黄裳眼蛱蝶/广东东莞/陈久桐/0799

蛇眼蛱蝶/台湾云林/林柏昌/0799

蛇眼蛱蝶/云南元阳/陈尽虫/0799

蛇眼蛱蝶/云南盈江/侯鸣飞/0799

波翅眼蛱蝶/海南五指山/李闽/0799

波翅眼蛱蝶/云南盈江/侯鸣飞/0799

钩翅眼蛱蝶/云南元江/朱建青/0799　　　　　　　　　　　　　钩翅眼蛱蝶/云南普洱/侯鸣飞/0799

钩翅眼蛱蝶/台湾南投/林柏昌/0799

散纹盛蛱蝶/四川绵阳/王昌大/0802

散纹盛蛱蝶/福建邵武/江凡/0802

黄豹盛蛱蝶/福建武夷山/朱建青/0802

黄豹盛蛱蝶/湖南郴州/王军/0802

花豹盛蛱蝶/西藏墨脱/陈尽虫/0802

花豹盛蛱蝶/广西南宁/李闽/0802

喜来盛蛱蝶/西藏墨脱/张松奎/0804

蜘蛱蝶/北京/谷宇/0806

蜘蛱蝶/北京/毕明磊/0806

曲纹蜘蛱蝶/河南内乡/陈尽虫/0806

曲纹蜘蛱蝶/四川绵阳/王昌大/0806

大卫蜘蛱蝶/青海果洛/陈尽虫/0806

直纹蜘蛱蝶/云南贡山/李闽/0807

直纹蜘蛱蝶/云南景东/陈尽虫/0807

金堇蛺蝶/北京/王春浩/0810

金堇蛺蝶/北京/毕明磊/0810

狄网蛺蝶/新疆阿尔泰/邢睿/0813

狄网蛺蝶/新疆乌鲁木齐/邢睿/0813

狄网蛱蝶/新疆乌鲁木齐/邢睿/0813

圆翅网蛱蝶/云南元江/朱建青/0813

斑网蛱蝶/北京/陈尽虫/0813

大网蛱蝶/甘肃榆中/田建北/0813

大网蛱蝶/北京/毕明磊/0813

帝网蛱蝶/北京/谷宇/0817

罗网蛱蝶/甘肃永靖/田建北/0819

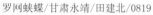
罗网蛱蝶/甘肃永靖/田建北/0819

庆网蛱蝶/新疆新源/邢睿/0819

庆网蛱蝶/新疆新源/邢睿/0819

庆网蛱蝶/新疆吉木萨尔/邢睿/0819

黑网蛱蝶/云南维西/朱建青/0819

黑网蛱蝶/贵州威宁/曹峰/0819

窄斑凤尾蛱蝶/广东佛山/陈嘉霖/0821

窄斑凤尾蛱蝶/福建福州/江凡/0821

二尾蛱蝶/江西龙南/陈久桐/0821

二尾蛱蝶/福建泰宁/江凡/0821

大二尾蛱蝶/台湾台北/林柏昌/0825

针尾蛱蝶/云南金中/侯鸣飞/0825

针尾蛱蝶/云南西双版纳/陈尽虫/0825

忘忧尾蛱蝶/浙江永康/张红飞/0825

忘忧尾蛱蝶/江西永修/王榄华/0825

忘忧尾蛱蝶/福建邵武/江凡/0825

白带螯蛱蝶/福建福州/曲利明/0831

柳紫闪蛱蝶/福建福州/江凡/0837

柳紫闪蛱蝶/福建福州/曲利明/0837

柳紫闪蛱蝶/福建福州/江凡/0837

曲带闪蛱蝶/北京/谷宇/0838

曲带闪蛱蝶/北京/王春浩/0838

曲带闪蛱蝶/北京/毕明磊/0838

武铠蛱蝶/台湾花莲/吕晟智/0844

金铠蛱蝶/台湾台北/林柏昌/0844

迷蛱蝶/福建福州/江凡/0848

迷蛱蝶/福建福州/江凡/0848

夜迷蛱蝶/甘肃榆中/田建北/0848

夜迷蛱蝶/北京/王春浩/0848

环带迷蛱蝶/云南普洱/侯鸣飞/0848

环带迷蛱蝶/云南普洱/侯鸣飞/0848

白斑迷蛱蝶/北京/毕明磊/0848

白斑迷蛱蝶/北京/毕明磊/0848

罗蛱蝶/广东珠海/程斌/0852

罗蛱蝶/云南个旧/侯鸣飞/0852

乞蛱蝶/云南西双版纳/王昌大/0854

傲白蛱蝶/台湾花莲/林柏昌/0856

傲白蛱蝶/湖南郴州/王军/0856

银白蛱蝶／湖南郴州／王军／0856

台湾白蛱蝶／台湾屏东／林柏昌／0856

银白蛱蝶／湖南郴州／王军／0856

台湾白蛱蝶／台湾南投／吕晟智／0856

帅蛱蝶/台湾南投/林柏昌/0859

黄帅蛱蝶/湖南郴州/王军/0859

黄帅蛱蝶/北京/毕明磊/0859

黄帅蛱蝶/云南贡山/李闽/0859

台湾帅蛱蝶/台湾花莲/林柏昌/0859

大紫蛱蝶/北京/毕明磊/0862

大紫蛱蝶/北京/王春浩/0862

大紫蛱蝶/台湾桃园/林柏昌/0862

黑紫蛱蝶/湖南郴州/王军/0862

黑紫蛱蝶/湖南郴州/王军/0862

芒蛱蝶/广东广州/陈嘉霖/0868

黑脉蛱蝶/北京/谷宇/0871

黑脉蛱蝶/北京/谷宇/0871

黑脉蛱蝶/湖南郴州/王军/0871

黑脉蛱蝶/福建福州/江凡/0871

拟斑脉蛱蝶/云南西双版纳/王昌大/0871

拟斑脉蛱蝶/北京/毕明磊/0871

拟斑脉蛱蝶/云南昆明/侯鸣飞/0871

蒺藜纹脉蛱蝶/西藏墨脱/程斌/0871

蒺藜纹脉蛱蝶/西藏墨脱/程斌/0871

猫蛱蝶/江苏南京/张松奎/0875

白裳猫蛱蝶/台湾南投/林柏昌/0875

白裳猫蛱蝶/广东始兴/王军/0875

明窗蛱蝶/北京/毕明磊/0877

明窗蛱蝶/北京/张永/0877

明窗蛱蝶/北京/谷宇/0877

累积蛱蝶／陕西凤县／谷宇／0878

秀蛱蝶／西藏墨脱／邢睿／0878

秀蛱蝶／云南元江／侯鸣飞／0878

秀蛱蝶／云南元江／侯鸣飞／0878

素饰蛱蝶／福建邵武／江凡／0880

素饰蛱蝶／云南普洱／程斌／0880

电蛱蝶/福建长汀/江凡/0882

电蛱蝶/湖南郴州/王军/0882

网丝蛱蝶/福建福州/曲利明/0885

网丝蛱蝶/台湾台北/林柏昌/0885

黑缘丝蛱蝶/云南个旧/侯鸣飞/0887

黑缘丝蛱蝶/云南河口/陈尽虫/0887

黄绢坎蛱蝶/西藏墨脱/李闽/0887

波蛱蝶／台湾台北／林柏昌／0889

锦瑟蛱蝶／甘肃康县／毕明磊／0891

丽蛱蝶/云南瑞丽/侯鸣飞/0893

耙蛱蝶/广东龙门/陈嘉霖/0893

耙蛱蝶/福建福州/曲利明/0893

红裙边翠蛱蝶/台湾花莲/林柏昌/0896

红裙边翠蛱蝶/广东龙门/陈嘉霖/0896

尖翅翠蛱蝶/广东深圳/陈久桐/0896

尖翅翠蛱蝶/广东深圳/陈久桐/0896

尖翅翠蛱蝶/福建福州/江凡/0896

珐琅翠蛱蝶/云南普洱/侯鸣飞/0905

珐琅翠蛱蝶/西藏墨脱/李闽/0905

嘉翠蛱蝶/四川绵阳/王昌大/0910

峨眉翠蛱蝶/福建福州/曲利明/0911

珀翠蛱蝶/广东乳源/陈嘉霖/0921

珀翠蛱蝶/福建福州/曲利明/0921

捻带翠蛱蝶/广东乳源/陈嘉霖/0921

新颖翠蛱蝶/云南德钦/李闽/0926

窄带翠蛱蝶/台湾桃园/林柏昌/0930

台湾翠蛱蝶/台湾桃园/林柏昌/0930

绿裙蛱蝶/海南白沙/程斌/0934

白裙蛱蝶/云南西双版纳/邢睿/0934

褐裙玳蛱蝶/云南耿马/侯鸣飞/0935

点蛱蝶/西藏墨脱/李闽/0939

小豹律蛱蝶/广东韶关/程斌/0940

小豹律蛱蝶/云南西双版纳/詹程辉/0940

小豹律蛱蝶/广东珠海/程斌/0940

蓝豹律蛱蝶/云南西双版纳/陈尽虫/0940

蓝豹律蛱蝶/云南勐腊/侯鸣飞/0940

婀蛱蝶/福建福州/曲利明/0944

婀蛱蝶/福建福州/曲利明/0944

奥蛱蝶／广东乳源／詹程辉／0944

奥蛱蝶／云南金平／侯鸣飞／0944

红线蛱蝶／北京／毕明磊／0949

折线蛱蝶／北京／谷宇／0949

横眉线蛱蝶/北京/王春浩/0950

横眉线蛱蝶/北京/毕明磊/0950

重眉线蛱蝶/北京/谷宇/0950

扬眉线蛱蝶/北京/谷宇/0953

扬眉线蛱蝶/北京/王春浩/0953

断眉线蛱蝶/江西玉山/朱建青/0953

残锷线蛱蝶/江西龙南/陈久桐/0953

残锷线蛱蝶/湖南郴州/王军/0953

虬眉带蛱蝶／台湾宜兰／林柏昌／0957

虬眉带蛱蝶／西藏墨脱／王昌大／0957

虬眉带蛱蝶／西藏墨脱／朱建青／0957

双色带蛱蝶/台湾台北/林柏昌/0957

双色带蛱蝶/云南金平/侯鸣飞/0957

玄珠带蛱蝶/云南景东/陈尽虫/0961

玄珠带蛱蝶/广西平果/王军/0961

新月带蛱蝶/台湾基隆/林柏昌/0961

新月带蛱蝶/广西平果/王军/0961

孤斑带蛱蝶／福建福州／曲利明／0961

孤斑带蛱蝶／福建邵武／江凡／0961

孤斑带蛱蝶／浙江永康／张红飞／0961

孤斑带蛱蝶／湖南郴州／王军／0961

相思带蛱蝶/福建福州/曲利明/0961

六点带蛱蝶/云南郴州/王军/0965

六点带蛱蝶/云南郴州/王军/0965

离斑带蛱蝶／广东始兴／王军／0965

离斑带蛱蝶／福建福州／曲利明／0965

玉杵带蛱蝶/福建泰宁/江凡/0965

幸福带蛱蝶/台湾桃园/林柏昌/0965

玉杵带蛱蝶/台湾桃园/林柏昌/0965

幸福带蛱蝶/湖南郴州/王军/0965

珠履带蛱蝶/台湾台北/林柏昌/0965

珠履带蛱蝶/浙江永康/张红飞/0965

珠履带蛱蝶/湖南郴州/王军/0965

缕蛱蝶/甘肃榆中/田建北/0971

中华蔽蛱蝶/甘肃榆中/田建北/0973

丫纹俳蛱蝶/广东始兴/王军/0974

丫纹俳蛱蝶/台湾桃园/林柏昌/0974

西藏俳蛱蝶/西藏墨脱/李闽/0974

彩衣俳蛱蝶/云南贡山/李闽/0974

肃蛱蝶/云南西双版纳/陈尽虫/0974

肃蛱蝶/云南瑞丽/徐堉峰/0974

穆蛱蝶/广东广州/陈嘉霖/0978

穆蛱蝶/广东广州/陈嘉霖/0978

中环蛱蝶/台湾花莲/林柏昌/0980

中环蛱蝶/台湾台南/徐堉峰/0980

中环蛱蝶/海南海口/陈尽虫/0980

耶环蛱蝶/湖南郴州/王军/0980

耶环蛱蝶/湖南郴州/王军/0980

珂环蛱蝶/湖南郴州/王军/0983

娑环蛱蝶/台湾/林柏昌/0983

娜环蛱蝶/台湾南投/林柏昌/0983

宽环蛱蝶/四川天全/朱建青/0983

回环蛱蝶/台湾台中/林柏昌/0983

弥环蛱蝶/广西临桂/徐堉峰/0984

弥环蛱蝶/湖南郴州/王军/0984

弥环蛱蝶/福建福州/曲利明/0984

断环蛱蝶/台湾新竹/林柏昌/0989

断环蛱蝶/福建福州/曲利明/0989

啡环蛱蝶/湖南郴州/王军/0992

阿环蛱蝶/湖南郴州/王军/0992

台湾环蛱蝶/台湾台北/林柏昌/0992

林环蛱蝶/台湾桃园/林柏昌/0998

提环蛱蝶/北京/谷宇/1000

黄环蛱蝶/北京/毕明磊/1000

伊洛环蛱蝶/北京/毕明磊/1000

伊洛环蛱蝶/台湾花莲/林柏昌/1000

朝鲜环蛱蝶/北京/谷宇/1007

单环蛱蝶/新疆新源/邢睿/1007

单环蛱蝶/甘肃榆中/田建北/1007

单环蛱蝶/北京/王春浩/1007

单环蛱蝶/北京/谷宇/1007

链环蛱蝶／台湾桃园／林柏昌／1007

链环蛱蝶／湖南郴州／王军／1007

重环蛱蝶／北京／毕明磊／1010

重环蛱蝶／北京／谷宇／1010

霭菲蛱蝶/福建福州/曲利明/1010

霭菲蛱蝶/福建福州/曲利明/1010

柱菲蛱蝶/广东广州/陈嘉霖/1010

金蟠蛱蝶/台湾南投/林柏昌/1015

金蟠蛱蝶/云南普洱/侯鸣飞/1015

方裙褐蚬蝶/云南个旧/陈尽虫/1021

方裙褐蚬蝶/云南大理/侯鸣飞/1021

黄带褐蚬蝶/江西龙南/陈久桐/1021

黄带褐蚬蝶/云南大关/侯鸣飞/1021

黄带褐蚬蝶/云南贡山/李闽/1021

黄带褐蚬蝶/西藏墨脱/邢睿/1021

白带褐蚬蝶/河南内乡/陈尽虫/1022

蛇目褐蚬蝶/广西上思/朱建青/1022

蛇目褐蚬蝶/海南海口/陈尽虫/1022

蛇目褐蚬蝶/湖南郴州/王军/1022

蛇目褐蚬蝶/广东深圳/陈久桐/1022

白点褐蚬蝶/广东惠州/程斌/1022

白点褐蚬蝶/台湾南投/林柏昌/1022

长尾褐蚬蝶/广东龙门/陈嘉霖/1022

锡金尾褐蚬蝶/西藏墨脱/李闽/1022

海南暗蚬蝶/海南乐东/王军/1023

波蚬蝶/湖南郴州/王军/1028

波蚬蝶/云南江城/侯鸣飞/1028

彩斑尾蚬蝶/江西吉安/陈嘉霖/1030

彩斑尾蚬蝶/贵州沿河/朱建青/1030

彩斑尾蚬蝶/贵州沿河/朱建青/1030

银纹尾蚬蝶/云南贡山/朱建青/1030

银纹尾蚬蝶/台湾台北/林柏昌/1030

银纹尾蚬蝶/云南绿春/陈尽虫/1030

无尾蚬蝶/云南大理/侯鸣飞/1031

无尾蚬蝶/云南昆明/陈尽虫/1031

秃尾蚬蝶/云南西双版纳/陈尽虫/1031

秃尾蚬蝶/云南普洱/侯鸣飞/1031

斜带缺尾蚬蝶／湖南郴州／王军／1031

斜带缺尾蚬蝶／广东韶关／程斌／1031

斜带缺尾蚬蝶／西藏墨脱／邢睿／1031

红秃尾蚬蝶/云南金平/陈尽虫/1031

红秃尾蚬蝶/西藏墨脱/程斌/1031

黑燕尾蚬蝶/湖南郴州/王军/1031

黑燕尾蚬蝶/福建福州/曲利明/1031

德锉灰蝶/福建武夷山/江凡/1036

中华云灰蝶/广西平果/王军/1037

熙灰蝶/台湾台东/林柏昌/1038

蚜灰蝶/广东广州/陈嘉霖/1038

蚜灰蝶/福建福州/江凡/1038

尖翅银灰蝶/湖南郴州/王军/1042

尖翅银灰蝶/广东广州/陈嘉霖/1042

尖翅银灰蝶/台湾宜兰/林柏昌/1042　　　　　　　　　　　台湾银灰蝶/台湾南投/林柏昌/1042

诗灰蝶/河北怀来/谷宇/1043

线灰蝶/北京/毕明磊/1046

小线灰蝶/陕西周至/谷宇/1046

璞精灰蝶/北京/毕明磊/1049

赭灰蝶/江西井冈山/陈嘉霖/1050

范赭灰蝶/陕西凤县/谷宇/1050

陝灰碟/陝西周至/谷宇/1051

珂灰蝶/台湾桃园/吕晟智/1053

黄灰蝶/辽宁丹东/陈嘉霖/1054

黄灰蝶/甘肃榆中/田建北/1054

台湾黄灰蝶／台湾花莲／吕晟智／1061

台湾黄灰蝶／台湾花莲／林柏昌／1061

栅黄灰蝶/浙江金华/陈嘉霖/1061

栅黄灰蝶/浙江永康/张红飞/1061

癞灰蝶/北京/毕明磊/1064

青灰蝶/陕西凤县/谷宇/1066

台湾华灰蝶/台湾花莲/吕晟智/1068

冷灰蝶/江西井冈山/陈嘉霖/1068

冷灰蝶/江西井冈山/陈嘉霖/1068

冷灰蝶/福建福州/曲利明/1068

璐灰蝶／台湾花莲／林柏昌／1069

虎斑灰蝶／广东乳源／陈嘉霖／1069

轭灰蝶／台湾桃园／吕晟智／1070

磐灰蝶/云南丽江/朱建青/1087

磐灰蝶/西藏察隅/吴振军/1087

珠灰蝶/台湾花莲/林柏昌/1094

台湾翠灰蝶/台湾桃园/林柏昌/1096

台湾翠灰蝶/台湾花莲/吕晟智/1096

江崎金灰蝶/台湾花莲/林柏昌/1107

西风金灰蝶/台湾花莲/吕晟智/1100

加布雷金灰蝶/台湾花莲/林柏昌/1107

闪光金灰蝶/广东乳源/陈嘉霖/1111

闪光金灰蝶/湖南郴州/王军/1111

天目山金灰蝶/福建泰宁/江凡/1112

裂斑金灰蝶/台湾桃园/吕晟智/1112

雾社金灰蝶/广东乳源/陈嘉霖/1114

雾社金灰蝶/台湾桃园/吕晟智/1114

艳灰蝶/甘肃榆中/田建北/1121

艳灰蝶/甘肃榆中/田建北/1121

翠艳灰蝶/北京/谷宇/1121

考艳灰蝶/北京/毕明磊/1122

考艳灰蝶/北京/毕明磊/1122

黎氏璀灰蝶/广东乳源/陈嘉霖/1126

百娆灰蝶/福建邵武/江凡/1128

齿翅娆灰蝶/湖南郴州/王军/1128

齿翅娆灰蝶/湖南郴州/王军/1128

小娆灰蝶/台湾屏东/林柏昌/1130

婀伊娆灰蝶/海南五指山/李闽/1130

缅甸娆灰蝶/云南元江/朱建青/1131

缅甸娆灰蝶/台湾花莲/林柏昌/1131

银链娆灰蝶/云南元江/侯鸣飞/1131

银链娆灰蝶/云南元江/朱建青/1131

玛灰蝶/台湾新北/林柏昌/1137

玛灰蝶/西藏樟木/王榄华/1137

酥灰蝶/云南元江/朱建青/1137

杨陶灰蝶/广西兴安/朱建青/1138

铁木异灰蝶/广西平果/王军/1138

丫灰蝶/广东乳源/陈嘉霖/1139

丫灰蝶/台湾新竹/林柏昌/1139

鹿灰蝶/云南个旧/侯鸣飞/1143

三点桠灰蝶/云南个旧/侯鸣飞/1143

三点桠灰蝶/西藏墨脱/邢睿/1143

雄球桠灰蝶/云南个旧/侯鸣飞/1144

三尾灰蝶/湖南郴州/王军/1144

斑灰蝶/广东广州/陈嘉霖/1145

拉拉山斑灰蝶/台湾桃园/吕晟智/1145

指名富丽灰蝶/新疆精河/邢睿/1150

银线灰蝶/台湾台北/林柏昌/1150

银线灰蝶/湖南郴州/王军/1150

豆粒银线灰蝶/湖南郴州/王军/1151

豆粒银线灰蝶/台湾台北/林柏昌/1151

黄银线灰蝶/台湾桃园/林柏昌/1151

露银线灰蝶/云南贡山/李闽/1152

双尾灰蝶/广西平果/王军/1155

淡蓝双尾灰蝶/台湾桃园/吕晟智/1155

豹斑双尾灰蝶/广东广州/陈嘉霖/1156

天蓝双尾灰蝶/台湾桃园/林柏昌/1156

天蓝双尾灰蝶/台湾桃园/吕晟智/1156

白日双尾灰蝶/广东龙门/陈嘉霖/1156

白日双尾灰蝶/广东龙门/陈嘉霖/1156

珀灰蝶/广东广州/陈嘉霖/1157

克灰蝶/广东广州/陈嘉霖/1161

莱灰蝶/广东广州/陈嘉霖/1162

莱灰蝶/海南五指山/李闽/1162

安灰蝶/湖南郴州/王军/1164

安灰蝶/湖南郴州/王军/1164

安灰蝶/西藏墨脱/李闽/1164

白衬安灰蝶/云南西双版纳/詹程辉/1164

白衬安灰蝶/广西平果/陈嘉霖/1164

吉蒲灰蝶/西藏墨脱/李闽/1166

珍灰蝶/广西平果/王军/1167

玳灰蝶/台湾台北/林柏昌/1169

玳灰蝶/广东广州/陈嘉霖/1169

淡黑玳灰蝶/台湾基隆/林柏昌/1169

淡黑玳灰蝶/江西靖安/江凡/1169

绿灰蝶／台湾基隆／林柏昌／1171

东亚燕灰蝶／北京／侯鸣飞／1172

东亚燕灰蝶/北京/毕明磊/1172

东亚燕灰蝶/湖南郴州/王军/1172

燕灰蝶/台湾台北/林柏昌/1172

绯烂燕灰蝶/云南元江/朱建青/1172

麻燕灰蝶/广东佛山/陈嘉霖/1173

蓝燕灰蝶/台湾花莲/林柏昌/1173

蓝燕灰蝶/北京/毕明磊/1173

高砂燕灰蝶/台湾桃园/吕晟智/1174

高砂燕灰蝶/台湾桃园/林柏昌/1174

生灰蝶/广西兴安/朱建青/1179

生灰蝶/台湾南投/林柏昌/1179

生灰蝶/福建福州/江凡/1179

娜生灰蝶/湖南郴州/王军/1179

尼采梳灰蝶/浙江永康/张红飞/1180

乌洒灰蝶/北京/谷宇/1189

乌洒灰蝶/甘肃榆中/田建北/1189

北方洒灰蝶/北京/谷宇/1190

普洒灰蝶/北京/谷宇/1190

苹果洒灰蝶/甘肃榆中/田建北/1190

优秀洒灰蝶/北京/谷宇/1193

南风洒灰蝶/台湾桃园/吕晟智/1195

饰洒灰蝶/北京/王春浩/1197

饰洒灰蝶/湖南郴州/王军/1197

饰洒灰蝶/北京/谷宇/1197

台湾洒灰蝶/台湾基隆/林柏昌/1197

大卫新灰蝶/北京/毕明磊/1199

大卫新灰蝶/甘肃榆中/田建北/1199

丽罕莱灰蝶/云南德钦/李闽/1200

丽罕莱灰蝶/云南德钦/李闽/1200

丽罕莱灰蝶/青海果洛/陈尽虫/1200

红灰蝶/山西太原/程斌/1201

红灰蝶/四川绵阳/王昌大/1201

红灰蝶/西藏拉萨/陈尽虫/1201

橙昙灰蝶/甘肃永靖/田建北/1201

橙昙灰蝶/北京/王春浩/1201

橙昙灰蝶/甘肃永靖/田建北/1201

昙灰蝶/新疆察县/邢睿/1204

昙灰蝶/新疆裕民/邢睿/1204

梭尔昙灰蝶/新疆阿克苏/邢睿/1204

陈呃灰蝶/贵州威宁/曹峰/1205

华山呃灰蝶/甘肃榆中/田建北/1206

华山呃灰蝶/甘肃榆中/田建北/1206

庞呃灰蝶/贵州威宁/曹峰/1206

庞呃灰蝶/贵州威宁/曹峰/1206

斯旦呃灰蝶/青海久治/陈尽虫/1206

古灰蝶/北京/谷宇/1209

浓紫彩灰蝶/广西兴安/朱建青/1209

德彩灰蝶/广东龙门/陈嘉霖/1210

德彩灰蝶/广东龙门/陈嘉霖/1210

古铜彩灰蝶/云南个旧/陈尽虫/1210

古铜彩灰蝶/西藏墨脱/李闽/1210

莎菲彩灰蝶/湖南郴州/王军/1210

莎菲彩灰蝶/四川都江堰/陈尽虫/1210

莎菲彩灰蝶/湖南郴州/王军/1210

美男彩灰蝶/云南贡山/王昌大/1210

美男彩灰蝶/西藏察隅/吴振军/1210

摩来彩灰蝶/西藏亚东/朱建青/1211

耀彩灰蝶/西藏墨脱/李闽/1211

依彩灰蝶/云南贡山/李闽/1211

依彩灰蝶/云南贡山/李闽/1211

依彩灰蝶/云南贡山/李闽/1211

依彩灰蝶/云南贡山/朱建青/1211

依彩灰蝶/云南个旧/陈尽虫/1211

塔彩灰蝶/西藏墨脱/李闽/1211

塔彩灰蝶/西藏墨脱/张松奎/1211

云南彩灰蝶/云南香格里拉/朱建青/1211

黑灰蝶/北京/侯鸣飞/1214

黑灰蝶/北京/毕明磊/1214

点尖角灰蝶/海南五指山/李闽/1214

锯灰蝶/云南景东/陈尽虫/1215

锯灰蝶/云南绿春/陈尽虫/1215

峦太锯灰蝶/湖南郴州/王军/1215

峦太锯灰蝶/台湾桃园/林柏昌/1215

峦太锯灰蝶/湖南郴州/王军/1215

纯灰蝶/海南五指山/李闽/1217

散纹拓灰蝶/云南西双版纳/陈尽虫/1217

曲纹拓灰蝶/海南乐东/王军/1217

豹灰蝶/广西平果/陈嘉霖/1218

豹灰蝶/广西平果/王军/1218

细灰蝶/海南乐东/王军/1219

细灰蝶/海南五指山/李闽/1219

古楼娜灰蝶/广东广州/陈嘉霖/1220

古楼娜灰蝶/台湾台北/林柏昌/1220

波灰蝶/台湾台北/林柏昌/1224

波灰蝶/海南昌江/朱建青/1224

波灰蝶/广东广州/陈嘉霖/1224

疑波灰蝶/广西平果/王军/1224

疑波灰蝶/台湾屏东/林柏昌/1224

雅灰蝶/湖南郴州/王军/1226

雅灰蝶/台湾台北/林柏昌/1226

雅灰蝶/云南西双版纳/陈尽虫/1226

素雅灰蝶/海南海口/陈尽虫/1226

素雅灰蝶/台湾台中/林柏昌/1226

锡冷雅灰蝶/海南五指山/李闽/1228

锡冷雅灰蝶/台湾云林/林柏昌/1228

蓝咖灰蝶/台湾台北/林柏昌/1228

咖灰蝶/湖南郴州/王军/1228

亮灰蝶/台湾新北/林柏昌/1229

亮灰蝶/上海/朱建青/1229

亮灰蝶/湖南郴州/王军/1229

棕灰蝶/台湾澎湖/林柏昌/1229

棕灰蝶/福建邵武/江凡/1229

酢酱灰蝶/福建福州/江凡/1230

酢酱灰蝶/湖南郴州/王军/1230

酢酱灰蝶/台湾高雄/林柏昌/1230

毛眼灰蝶/台湾台北/林柏昌/1233

毛眼灰蝶/广东广州/陈嘉霖/1233

埃毛眼灰蝶/云南丽江/朱建青/1233

长腹灰蝶/台湾高雄/林柏昌/1234

蓝灰蝶／北京／侯鸣飞／1235

蓝灰蝶／台湾云林／林柏昌／1235

蓝灰蝶／福建福州／李闽／1235

蓝灰蝶／福建福州／江凡／1235

点玄灰蝶/湖南郴州/王军/1238

点玄灰蝶/台湾花莲/林柏昌/1238

点玄灰蝶/湖南郴州/王军/1238

台湾玄灰蝶/台湾桃园/林柏昌/1238

玄灰蝶/北京/谷宇/1238

波太玄灰蝶/湖南郴州/王军/1239

波太玄灰蝶/云南元江/朱建青/1239

淡纹玄灰蝶/云南德钦/李闽/1239

拟竹都玄灰蝶/西藏察隅/李闽/1239

拟竹都玄灰蝶/西藏察隅/李闽/1239

拟竹都玄灰蝶/西藏察隅/吴振军/1239

黑丸灰蝶/广东始兴/王军/1240

蓝丸灰蝶/台湾新北/林柏昌/1240

钮灰蝶/湖南郴州/王军/1242   钮灰蝶/云南西双版纳/陈尽虫/1242

钮灰蝶/台湾台北/林柏昌/1242

韫玉灰蝶/台湾桃园/林柏昌/1243

妩灰蝶/台湾南投/林柏昌/1245

白斑妩灰蝶/湖南郴州/王军/1245

白斑妩灰蝶/福建福州/曲利明/1245

白斑妩灰蝶/西藏墨脱/邢睿/1245

玫灰蝶/台湾南投/林柏昌/1246

琉璃灰蝶/新疆乌鲁木齐/邢睿/1246

琉璃灰蝶/浙江永康/张红飞/1246

琉璃灰蝶/新疆乌鲁木齐/邢睿/1246

熏衣琉璃灰蝶/台湾桃园/林柏昌/1248

熏衣琉璃灰蝶/广西金秀/朱建青/1248

大紫琉璃灰蝶/台湾花莲/林柏昌/1248

杉谷琉璃灰蝶/台湾桃园/林柏昌/1248

美姬灰蝶/广西平果/王军/1249

美姬灰蝶/台湾台北/林柏昌/1249

一点灰蝶／台湾台北／林柏昌／1249

蓝底霾灰蝶／北京／王春浩／1252

蓝底霾灰蝶／北京／毕明磊／1252

胡麻霾灰蝶/北京/毕明磊/1252

胡麻霾灰蝶/北京/谷宇/1252

白灰蝶/贵州六盘水/曹峰/1254

白灰蝶/台湾花莲/林柏昌/1254

台湾白灰蝶/台湾宜兰/林柏昌/1254

黎戈灰蝶/甘肃榆中/田建北/1257

黎戈灰蝶/北京/谷宇/1257

珞灰蝶/北京/谷宇/1257

欣灰蝶/北京/王春浩/1260

婀灰蝶/四川康定/谷宇/1261

婀灰蝶/云南丽江/朱建青/1261

华夏爱灰蝶/北京/谷宇/1263

阿爱灰蝶/北京/谷宇/1263

阿爱灰蝶/北京/毕明磊/1263

紫灰蝶/台湾屏东/林柏昌/1264

曲纹紫灰蝶/湖南郴州/王军/1265

曲纹紫灰蝶/海南昌江/朱建青/1265

曲纹紫灰蝶/台湾花莲/林柏昌/1265

曲纹紫灰蝶/广东珠海/程斌/1265

曲纹紫灰蝶/广东广州/陈尽虫/1265

普紫灰蝶/台湾屏东/林柏昌/1265

豆灰蝶/新疆布尔津/邢睿/1265

红珠灰蝶/北京/毕明磊/1268　　　　　　　　　　　　　　　　　　　红珠灰蝶/北京/毕明磊/1268

红珠灰蝶/甘肃永靖/田建北/1268

阿点灰蝶/甘肃榆中/田建北/1268

多眼灰蝶/甘肃兰州/田建北/1270

多眼灰蝶/西藏拉萨/陈尽虫/1270

多眼灰蝶/甘肃兰州/田建北/1270

橙翅伞弄蝶/广州广东/陈嘉霖/1273

橙翅伞弄蝶/台湾新北/林柏昌/1273

白伞弄蝶/甘肃康县/毕明磊/1276

白伞弄蝶/广东深圳/陈久桐/1276

大伞弄蝶/福建福州/江凡/1276

无趾弄蝶/四川天全/朱建青/1279

无趾弄蝶/云南贡山/李闽/1279

三斑趾弄蝶/西藏墨脱/李闽/1279

三斑趾弄蝶/云南河口/陈尽虫/1279

双斑趾弄蝶/台湾台北/林柏昌/1279

银针趾弄蝶／台湾南投／林柏昌／1282

纬带趾弄蝶／湖南郴州／王军／1282

迷趾弄蝶／台湾台东／吕晟智／1282

尖翅弄蝶／台湾新北／林柏昌／1283

绿弄蝶/台湾南投/林柏昌/1286

半黄绿弄蝶/广东韶关/陈久桐/1286

半黄绿弄蝶/广东韶关/陈久桐/1286

窗斑大弄蝶/湖南郴州/王军/1289

窗斑大弄蝶/湖南郴州/王军/1289

微点大弄蝶/海南五指山/李闽/1289

双带弄蝶/台湾南投/林柏昌/1294   双带弄蝶/北京/毕明磊/1294

双带弄蝶/北京/毕明磊/1294

斑星弄蝶/福建邵武/江凡/1297

斑星弄蝶/台湾宜兰/林柏昌/1297

斑星弄蝶/台湾桃园/吕晟智/1297

黑泽星弄蝶/台湾宜兰/林柏昌/1299

黑泽星弄蝶/台湾宜兰/吕晟智/1299

埔里星弄蝶/台湾屏东/林柏昌/1299

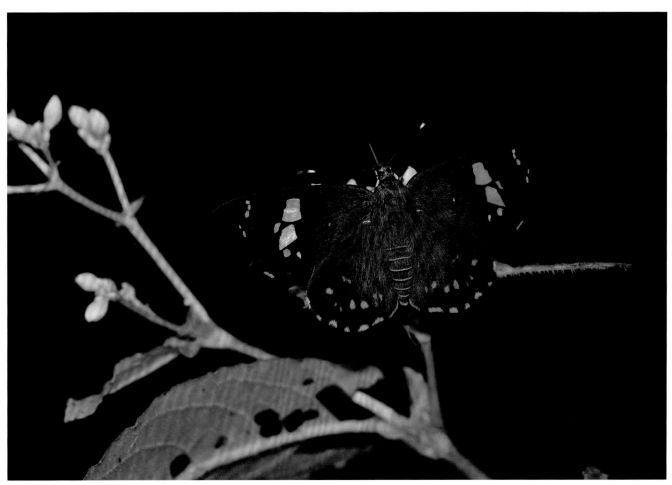

小星弄蝶/台湾新竹/林柏昌/1299

菊星弄蝶/湖南郴州/王军/1299

白角星弄蝶/云南贡山/朱建青/1300

越南星弄蝶/广东英德/陈嘉霖/1303

越南星弄蝶/广东英德/陈嘉霖/1303

锡金星弄蝶/西藏墨脱/李闽/1303

黄襟弄蝶/广东龙门/陈嘉霖/1310

黄襟弄蝶/云南勐腊/侯鸣飞/1310

短带襟弄蝶/西藏墨脱/张松奎/1310

毛脉弄蝶/广东龙门/陈嘉霖/1311

毛脉弄蝶/海南陵水/朱建青/1311

毛脉弄蝶/云南河口/陈尽虫/1311

梳翅弄蝶/云南西双版纳/陈尽虫/1313

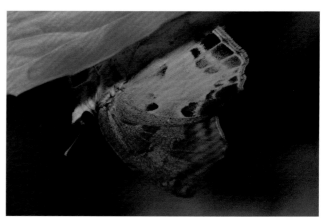

角翅弄蝶/广东广州/陈嘉霖/1314

角翅弄蝶/云南元阳/陈尽虫/1314

刷胫弄蝶/云南金平/陈尽虫/1314

黑弄蝶/安徽金寨/陈尽虫/1316

黑弄蝶/北京/毕明磊/1316

黑弄蝶/台湾台北/林柏昌/1316

匪夷捷弄蝶/湖南郴州/王军/1316

中华捷弄蝶/浙江宁波/朱建青/1316

中华捷弄蝶/广东乳源/陈嘉霖/1316

黑边裙弄蝶/广东龙门/陈久桐/1317

滚边裙弄蝶/台湾基隆/林柏昌/1317

沾边裙弄蝶/云南元江/朱建青/1317

沾边裙弄蝶/广东龙门/陈嘉霖/1317

沾边裙弄蝶/云南个旧/侯鸣飞/1317

白边裙弄蝶/海南乐东/王军/1320

南洋裙弄蝶/台湾屏东/林柏昌/1320

锦瑟弄蝶/福建福州/江凡/1320

台湾瑟弄蝶/台湾台北/林柏昌/1320

纹毛达弄蝶/云南西双版纳/陈尽虫/1321

小纹飒弄蝶/台湾花莲/林柏昌/1323

台湾飒弄蝶/台湾宜兰/林柏昌/1326

西藏飒弄蝶/西藏墨脱/李闽/1326

白弄蝶/广东乳源/詹程辉/1328

白弄蝶/贵州贵阳/朱建青/1328

白弄蝶/台湾桃园/林柏昌/1328

白弄蝶/湖南郴州/王军/1328

西方珠弄蝶/甘肃榆中/田建北/1332

西方珠弄蝶/甘肃榆中/田建北/1332

深山珠弄蝶/北京/毕明磊/1332

深山珠弄蝶/浙江永康/张红飞/1332

深山珠弄蝶/江苏句容/朱建青/1332

花弄蝶/北京/王春浩/1333

花弄蝶/北京/姚敏/1333

星点弄蝶/北京/毕明磊/1334

星点弄蝶/北京/毕明磊/1334

筛点弄蝶/甘肃永靖/田建北/1334

筛点弄蝶/河北赤城/毕明磊/1334

链弄蝶/北京/毕明磊/1339

链弄蝶/北京/王春浩/1339

链弄蝶/甘肃榆中/田建北/1339

链弄蝶/北京/谷宇/1339

黄斑银弄蝶/云南昆明/陈尽虫/1345

基点银弄蝶/甘肃榆中/田建北/1345

基点银弄蝶/北京/谷宇/1345

白斑银弄蝶/北京/谷宇/1345

白斑银弄蝶/贵州威宁/曹峰/1345

白斑银弄蝶/甘肃榆中/田建北/1345

黑锷弄蝶/广西临桂/朱建青/1349

万大锷弄蝶/台湾花莲/吕晟智/1349

万大锷弄蝶/台湾花莲/林柏昌/1349

宽锷弄蝶／云南昆明／陈尽虫／1350

宽锷弄蝶／广东龙门／陈嘉霖／1350

河伯锷弄蝶／浙江宁波／朱建青／1350

河伯锷弄蝶／台湾桃园／林柏昌／1350

小锷弄蝶/湖南郴州/王军/1350

小锷弄蝶/浙江宁波/朱建青/1350

黄斑弄蝶/福建南平/江凡/1351

黄斑弄蝶/台湾南投/林柏昌/1351

钩形黄斑弄蝶/浙江泰顺/朱建青/1351

钩形黄斑弄蝶/贵州开阳/曹峰/1351

钩形黄斑弄蝶/福建福州/曲利明/1351

奥弄蝶/云南西双版纳/陈尽虫/1352

奥弄蝶/云南个旧/陈尽虫/1352

讴弄蝶/福建武夷山/江凡/1352

显飕弄蝶/广东乳源/陈嘉霖/1357

马苏陀弄蝶/云南贡山/朱建青/1359

银条陀弄蝶/云南香格里拉/朱建青/1359

褐陀弄蝶/西藏墨脱/张松奎/1360

黄条陀弄蝶/台湾新北/林柏昌/1360

南岭陀弄蝶/广东乳源/陈嘉霖/1363

峨眉酣弄蝶/福建福州/曲利明/1366

黄斑酣弄蝶/台湾桃园/林柏昌/1366

拟槁琵弄蝶/广东始兴/王军/1369

旖弄蝶/台湾新北/林柏昌/1371

旖弄蝶/浙江宁波/朱建青/1371

腌翅弄蝶/福建福州/江凡/1373

腌翅弄蝶/广东广州/陈嘉霖/1373

新红标弄蝶/云南西双版纳/陈尽虫/1373

腌翅弄蝶/福建福州/曲利明/1373

新红标弄蝶/云南西双版纳/陈尽虫/1373

曲纹袖弄蝶/海南陵水/朱建青/1375

曲纹袖弄蝶/台湾南投/林柏昌/1375

宽纹袖弄蝶/台湾桃园/林柏昌/1375

窄纹袖弄蝶/海南海口/陈尽虫/1375

窄纹袖弄蝶/云南西双版纳/陈尽虫/1375

姜弄蝶/广东东莞/陈久桐/1376

姜弄蝶/台湾基隆/林柏昌/1376

雅弄蝶/广东广州/陈尽虫/1379

素弄蝶/广东深圳/陈久桐/1379

素弄蝶/台湾基隆/林柏昌/1379

黄裳肿脉弄蝶/云南元江/朱建青/1382

黄斑蕉弄蝶/贵州沿河/朱建青/1390

黄斑蕉弄蝶/台湾台北/林柏昌/1390

玛弄蝶/广东韶关/陈久桐/1393

红弄蝶/山西宁武/朱建青/1395

似小赭弄蝶/北京/毕明磊/1396

小赭弄蝶/北京/谷宇/1396

似小赭弄蝶/甘肃榆中/田建北/1396

似小赭弄蝶/甘肃榆中/田建北/1396

肖小赭弄蝶/云南香格里拉/朱建青/1396

透斑赭弄蝶/北京/王春浩/1398

菩提赭弄蝶/台湾宜兰/林柏昌/1400

台湾赭弄蝶/台湾宜兰/林柏昌/1400

西藏赭弄蝶/云南贡山/朱建青/1400

豹弄蝶/甘肃康县/毕明磊/1402

豹弄蝶/广西兴安/朱建青/1402

孔子黄室弄蝶/台湾基隆/林柏昌/1404

拟黄室弄蝶/云南元江/朱建青/1407

断纹黄室弄蝶/浙江宁波/朱建青/1407

墨子黄室弄蝶/台湾台北/林柏昌/1408

黄纹长标弄蝶/台湾基隆/林柏昌/1409

竹长标弄蝶/广西兴安/朱建青/1409

竹长标弄蝶/台湾基隆/林柏昌/1409

直纹稻弄蝶/浙江宁波/朱建青/1414　　　　　　　　　　　　　　直纹稻弄蝶/福建武夷山/陈嘉霖/1414

直纹稻弄蝶/台湾基隆/林柏昌/1414

挂墩稻弄蝶/浙江宁波/朱建青/1414

挂墩稻弄蝶/江西井冈山/朱建青/1414

幺纹稻弄蝶/广西北海/陈久桐/1414

幺纹稻弄蝶/台湾云林/林柏昌/1414

曲纹稻弄蝶/广西兴安/朱建青/1414

籼弄蝶/台湾新竹/林柏昌/1417

拟籼弄蝶/台湾南投/林柏昌/1417

黎氏刺胫弄蝶/广东龙门/陈久桐/1419

黎氏刺胫弄蝶/浙江宁波/朱建青/1419

隐纹谷弄蝶／北京／侯鸣飞／1420

隐纹谷弄蝶／浙江宁波／朱建青／1420

隐纹谷弄蝶／北京／王春浩／1420

南亚谷弄蝶/海南陵水/朱建青/1420

南亚谷弄蝶/广东深圳/陈久桐/1420

中华谷弄蝶/湖南郴州/王军/1420

印度谷弄蝶/云南西双版纳/陈尽虫/1421

古铜谷弄蝶/台湾台北/林柏昌/1425

黄纹孔弄蝶/广西兴安/朱建青/1426

黄纹孔弄蝶/台湾基隆/林柏昌/1426

台湾孔弄蝶/台湾桃园/林柏昌/1426

刺纹孔弄蝶/广西金秀/朱建青/1426

刺纹孔弄蝶/台湾台北/林柏昌/1426

奇莱孔弄蝶/台湾花莲/林柏昌/1427

奇莱孔弄蝶/台湾花莲/吕晟智/1427

透纹孔弄蝶/浙江宁波/朱建青/1427

黑标孔弄蝶/浙江宁波/朱建青/1427

盒纹孔弄蝶/江西井冈山/朱建青/1427

盒纹孔弄蝶/江西玉山/朱建青/1427

华西孔弄蝶/四川天全/朱建青/1431

华西孔弄蝶/广西金秀/朱建青/1431

珂弄蝶/四川都江堰/陈尽虫/1432

珂弄蝶/浙江宁波/朱建青/1432

《中华蝴蝶图鉴》各蝶属责任作者
Authors for the genera of *Butterflies of China*

武春生
Wu Chunsheng

中国科学院 动物研究所研究员　Professor, Institute of Zoology, Chinese Academy of Sciences

斑粉蝶属 *Delias*	粉蝶属 *Pieris*	云粉蝶属 *Pontia*	侏粉蝶属 *Baltia*	眉粉蝶属 *Zegris*	荣粉蝶属 *Euchloë*	

徐堉峰
Hsu Yufeng

台湾师范大学 生命科学系 教授　Professor, Department of Life Science, National Taiwan Normal University

古眼蝶属 *Palaeonympha*	艳眼蝶属 *Callerebia*	帛斑蝶属 *Idea*	尾蚬蝶属 *Dodona*	圆灰蝶属 *Poritia*	熙灰蝶属 *Spalgis*	蚜灰蝶属 *Taraka*
诗灰蝶属 *Shirozua*	线灰蝶属 *Thecla*	精灰蝶属 *Artopoetes*	赭灰蝶属 *Ussuriana*	朝灰蝶属 *Coreana*	陕灰蝶属 *Shaanxiana*	工灰蝶属 *Gonerilia*
珂灰蝶属 *Cordelia*	拟工灰蝶属 *Pseudogonerilia*	黄灰蝶属 *Japonica*	祖灰蝶属 *Protantigius*	癞灰蝶属 *Araragi*	青灰蝶属 *Antigius*	华灰蝶属 *Wagimo*
冷灰蝶属 *Ravenna*	璐灰蝶属 *Leucantigius*	虎斑灰蝶属 *Yamamotozephyrus*	三枝灰蝶属 *Saigusaozephyrus*	轭灰蝶属 *Euaspa*	何华灰蝶属 *Howarthia*	林灰蝶属 *Hayashikeia*
铁灰蝶属 *Teratozephyrus*	仓灰蝶属 *Fujiokaozephyrus*	污灰蝶属 *Uedaozephyrus*	磐灰蝶属 *Iwaseozephyrus*	江崎灰蝶属 *Esakiozephyrus*	刊灰蝶属 *Kameiozephyrus*	珠灰蝶属 *Iratsume*
翠灰蝶属 *Neozephyrus*	金灰蝶属 *Chrysozephyrus*	铁金灰蝶属 *Thermozephyrus*	艳灰蝶属 *Favonius*	璀灰蝶属 *Sibataniozephyrus*	陶灰蝶属 *Zinaspa*	丫灰蝶属 *Amblopala*
银线灰蝶属 *Spindasis*	玳灰蝶属 *Deudorix*	燕灰蝶属 *Rapala*	山灰蝶属 *Shijimia*	白灰蝶属 *Phengaris*	靛灰蝶属 *Caerulea*	趾灰蝶属 *Hasora*
绿弄蝶属 *Choaspes*	星弄蝶属 *Celaenorrhinus*	刷胫弄蝶属 *Sarangesa*	瑟弄蝶属 *Seseria*			

吴振军
Wu Zhenjun

钩粉蝶属 *Gonepteryx*	妹粉蝶属 *Mesapia*	污斑眼蝶属 *Cyllogenes*	黛眼蝶属 *Lethe*	丽眼蝶属 *Mandarinia*	网眼蝶属 *Rhaphicera*	豹眼蝶属 *Nosea*
斑眼蝶属 *Penthema*	凤眼蝶属 *Neorina*	黑眼蝶属 *Ethope*	锯眼蝶属 *Elymnias*	玳眼蝶属 *Ragadia*	颠眼蝶属 *Acropolis*	绢蛱蝶属 *Calinaga*
方环蝶属 *Discophora*	矩环蝶属 *Enispe*	斑环蝶属 *Thaumantis*	交脉环蝶属 *Amathuxidia*	带环蝶属 *Thauria*	纹环蝶属 *Aemona*	箭环蝶属 *Stichophthalma*
串珠环蝶属 *Faunis*	辘蛱蝶属 *Cirrochroa*	盛蛱蝶属 *Symbrenthia*	铠蛱蝶属 *Chitoria*	猫蛱蝶属 *Timelaea*	翠蛱蝶属 *Euthalia*	裙蛱蝶属 *Cynitia*
玳蛱蝶属 *Tanaecia*	环蛱蝶属 *Lethe*	豹蚬蝶属 *Takashia*	锉灰蝶属 *Allotinus*	塔灰蝶属 *Thaduka*	玛灰蝶属 *Mahathala*	酥灰蝶属 *Surendra*
异灰蝶属 *Iraota*	昴灰蝶属 *Amblypodia*	鹿灰蝶属 *Loxura*	桠灰蝶属 *Yasoda*	三尾灰蝶属 *Catapaecilma*	珀灰蝶属 *Pratapa*	安灰蝶属 *Ancema*
珍灰蝶属 *Zeltus*	绿灰蝶属 *Artipe*	彩灰蝶属 *Heliophorus*	锯灰蝶属 *Orthomiella*	豹灰蝶属 *Castalius*	咖灰蝶属 *Catochrysops*	亮灰蝶属 *Lampides*
玄灰蝶属 *Tongeia*						

罗箭
Luo Jian

中国昆虫学会 会员　Member, The Entomological Society of China

豆粉蝶属 *Colias*						

王春浩
Wang Chunhao

中国昆虫学会 会员　Member, The Entomological Society of China

带眼蝶属 *Chonala*	链眼蝶属 *Lopinga*	毛眼蝶属 *Lasiommata*	资眼蝶属 *Zipaetis*	拟酒眼蝶属 *Paroeneis*	槁眼蝶属 *Karanasa*	寿眼蝶属 *Pseudochazara*
岩眼蝶属 *Chazara*	林眼蝶属 *Aulocera*	舜眼蝶属 *Loxerebia*	晴眼蝶属 *Hemadara*	明眸眼蝶属 *Argestina*	山眼蝶属 *Paralasa*	优眼蝶属 *Eugrumia*
鲁眼蝶属 *Lyela*	酒眼蝶属 *Oeneis*	阿芬眼蝶属 *Aphantopus*	蟾眼蝶属 *Triphysa*	阿勒眼蝶属 *Arethusana*	红眼蝶属 *Erebia*	珍蛱蝶属 *Clossiana*
铂蛱蝶属 *Proclossiana*	宝蛱蝶属 *Boloria*	珠蛱蝶属 *Issoria*	钩蛱蝶属 *Polygonia*	堇蛱蝶属 *Euphydryas*	蜜蛱蝶属 *Mellicta*	网蛱蝶属 *Melitaea*
小蚬蝶属 *Polycaena*	富丽灰蝶属 *Apharitis*	齿灰蝶属 *Novosatsuma*	始灰蝶属 *Cissatsuma*	新灰蝶属 *Neolycaena*	罕莱灰蝶属 *Helleia*	灰蝶属 *Lycaena*
昙灰蝶属 *Thersamonia*	铬灰蝶属 *Heodes*	吒灰蝶属 *Athamanthia*	古灰蝶属 *Palaeochrysophanus*	驳灰蝶属 *Bothrinia*	穆灰蝶属 *Monodontides*	霾灰蝶属 *Maculinea*
戈灰蝶属 *Glaucopsyche*	僧灰蝶属 *Sinia*	埃灰蝶属 *Eumedonia*	豆灰蝶属 *Plebejus*	眼灰蝶属 *Polyommatus*	带弄蝶属 *Lobocla*	珠弄蝶属 *Erynnis*
花弄蝶属 *Pyrgus*	银弄蝶属 *Carterocephalus*	陀弄蝶属 *Thoressa*	赭弄蝶属 *Ochlodes*			

朱建青
Zhu Jianqing

上海动物园 动物繁育保护管理科 工程师　Engineer, Animal Management Department, Shanghai Zoology Park

荫眼蝶属 *Neope*	矍眼蝶属 *Ypthima*	暗蚬蝶属 *Taxila*	白蚬蝶属 *Stiboges*	波蚬蝶属 *Zemeros*	吉灰蝶属 *Zizeeria*	毛眼灰蝶属 *Zizina*
长腹灰蝶属 *Zizula*	珐灰蝶属 *Famegana*	蓝灰蝶属 *Everes*	丸灰蝶属 *Pithecops*	钮灰蝶属 *Acytolepis*	韫玉灰蝶属 *Celatoxia*	妩灰蝶属 *Udara*
钩纹弄蝶属 *Bibasis*	伞弄蝶属 *Burara*	尖翅弄蝶属 *Badamia*	大弄蝶属 *Capila*	窗弄蝶属 *Coladenia*	姹弄蝶属 *Chamunda*	襟弄蝶属 *Pseudocoladenia*
毛脉弄蝶属 *Mooreana*	梳翅弄蝶属 *Ctenoptilum*	彩弄蝶属 *Caprona*	角翅弄蝶属 *Odontoptilum*	黑弄蝶属 *Daimio*	捷弄蝶属 *Gerosis*	裙弄蝶属 *Tagiades*
达弄蝶属 *Darpa*	飒弄蝶属 *Satarupa*	白弄蝶属 *Abraximorpha*	脉白弄蝶属 *Albiphasma*	秉弄蝶属 *Pintara*	点弄蝶属 *Muschampia*	卡弄蝶属 *Carcharodus*
饰弄蝶属 *Spialia*	链弄蝶属 *Heteropterus*	舟弄蝶属 *Barca*	小弄蝶属 *Leptalina*	窄翅弄蝶属 *Apostictopterus*	锷弄蝶属 *Aeromachus*	黄斑弄蝶属 *Ampittia*

朱建青
Zhu Jianqing

上海动物园 动物繁育保护管理科 工程师　Engineer, Animal Management Department, Shanghai Zoology Park

奥弄蝶属 Ochus	讴弄蝶属 Onryza	斜带弄蝶属 Sebastonyma	帕弄蝶属 Parasovia	飔弄蝶属 Sovia	酣弄蝶属 Halpe	琵弄蝶属 Pithauria
旖弄蝶属 Isoteinon	突须弄蝶属 Arnetta	暗弄蝶属 Stimula	钩弄蝶属 Ancistroides	腌翅弄蝶属 Astictopterus	红标弄蝶属 Koruthaialos	袖弄蝶属 Notocrypta
姜弄蝶属 Udaspes	雅弄蝶属 Iambrix	素弄蝶属 Suastus	伊弄蝶属 Idmon	肿脉弄蝶属 Zographetus	希弄蝶属 Hyarotis	琦弄蝶属 Quedara
毗弄蝶属 Praescobura	须弄蝶属 Scobura	珞弄蝶属 Lotongus	火脉弄蝶属 Pyroneura	蜡痣弄蝶属 Cupitha	椰弄蝶属 Gangara	蕉弄蝶属 Erionota
玛弄蝶属 Matapa	弄蝶属 Hesperia	豹弄蝶属 Thymelicus	黄弄蝶属 Taractrocera	偶侣弄蝶属 Oriens	黄室弄蝶属 Potanthus	长标弄蝶属 Telicota
金斑弄蝶属 Cephrenes	稻弄蝶属 Parnara	籼弄蝶属 Borbo	拟籼弄蝶属 Pseudoborbo	刺胫弄蝶属 Baoris	谷弄蝶属 Pelopidas	白斑弄蝶属 Tsukiyamaia
孔弄蝶属 Polytremis	珂弄蝶属 Caltoris					

罗益奎
Lo Yikfui Philip

香港嘉道理农场暨植物园 嘉道理中国保育部 高级保育主任　Senior Conservation Officer, Kadoorie Conservation China, Kadoorie Farm and Botanic, Hong Kong

黄粉蝶属 Eurema	暮眼蝶属 Melanitis	岳眼蝶属 Orinoma	奥眼蝶属 Orsotriaena	眉眼蝶属 Mycalesis	穿眼蝶属 Coelites	斑蝶属 Danaus
青斑蝶属 Tirumala	绢斑蝶属 Parantica	旖斑蝶属 Ideopsis	紫斑蝶属 Euploea	帖蛱蝶属 Terinos	枯叶蛱蝶属 Kallima	耳蛱蝶属 Eulaceura
波蛱蝶属 Ariadne	蜡蛱蝶属 Lasippa	蟠蛱蝶属 Pantoporia	褐蚬蝶属 Abisara	云灰蝶属 Miletus	银灰蝶属 Curetis	娆灰蝶属 Arhopala
斑灰蝶属 Horaga	三滴灰蝶属 Ticherra	玛乃灰蝶属 Maneca	艾灰蝶属 Rachana	旖灰蝶属 Hypolycaena	蒲灰蝶属 Chliaria	生灰蝶属 Sinthusa
尖角灰蝶属 Anthene	纯灰蝶属 Una	拓灰蝶属 Caleta	黎灰蝶属 Discolampa	娜灰蝶属 Nacaduba	佩灰蝶属 Petrelaea	波灰蝶属 Prosotas
尖灰蝶属 Ionolyce	方标灰蝶属 Catopyrops	赖灰蝶属 Lestranicus	玫灰蝶属 Callenya	琉璃灰蝶属 Celastrina		

谷宇
Gu Yu

小粉蝶属 Leptidea	蛇眼蝶属 Minois	闪蛱蝶属 Apatura	卡灰蝶属 Callophrys	梳灰蝶属 Ahlbergia	洒灰蝶属 Satyrium	黑灰蝶属 Niphanda
枯灰蝶属 Cupido	扫灰蝶属 Subsulanoides	婀灰蝶属 Albulina	爱灰蝶属 Aricia	灿灰蝶属 Agriades	红珠灰蝶属 Lycaeides	点灰蝶属 Agrodiaetus

胡劭骥
Hu Shaoji

云南大学 农学院 讲师　Lecturer, School of Agriculture, Yunnan University, China

裳凤蝶属 Troides	曙凤蝶属 Atrophaneura	麝凤蝶属 Byasa	锤尾凤蝶属 Losaria	珠凤蝶属 Pachliopta	凤蝶属 Papilio	燕凤蝶属 Lamproptera
青凤蝶属 Graphium	纹凤蝶属 Paranticopsis	绿凤蝶属 Pathysa	剑凤蝶属 Pazala	旖凤蝶属 Iphiclides	钩凤蝶属 Meandrusa	喙凤蝶属 Teinopalpus
尾凤蝶属 Bhutanitis	迁粉蝶属 Catopsilia	方粉蝶属 Dercas	圹粉蝶属 Gandaca	橙粉蝶属 Ixias	尖粉蝶属 Appias	锯粉蝶属 Prioneris
园粉蝶属 Cepora	飞龙粉蝶属 Talbotia	纤粉蝶属 Leptosia	鹤顶粉蝶属 Hebomoia	青粉蝶属 Pareronia	迷蛱蝶属 Mimathyma	秀蛱蝶属 Pseudergolis
丝蛱蝶属 Cyrestis	丽蛱蝶属 Parthenos	菲蛱蝶属 Phaedyma				

陈嘉霖
Chen Jialin

江西省蝴蝶协会 会员　Member, The Butterfly Society of Jiangxi

喙蝶属 Libythea	珍蝶属 Acraea	锯蛱蝶属 Cethosia	文蛱蝶属 Vindula	彩蛱蝶属 Vagrans	襟蛱蝶属 Cupha	珐蛱蝶属 Phalanta
蠹叶蛱蝶属 Doleschallia	瑶蛱蝶属 Yoma	斑蛱蝶属 Hypolimnas	眼蛱蝶属 Junonia	蜘蛱蝶属 Araschnia	尾蛱蝶属 Polyura	螯蛱蝶属 Charaxes
璞蛱蝶属 Prothoe	罗蛱蝶属 Rohana	父蛱蝶属 Herona	白蛱蝶属 Helcyra	帅蛱蝶属 Sephisa	芒蛱蝶属 Euripus	饰蛱蝶属 Stibochiona
坎蛱蝶属 Chersonesia	林蛱蝶属 Laringa	姹蛱蝶属 Chalinga	耙蛱蝶属 Bhagadatta	点蛱蝶属 Neurosigma	律蛱蝶属 Lexias	婀蛱蝶属 Abrota
奥蛱蝶属 Auzakia	带蛱蝶属 Athyma	缕蛱蝶属 Litinga	俳蛱蝶属 Parasarpa	肃蛱蝶属 Sumalia	黎蛱蝶属 Lebadea	穆蛱蝶属 Moduza
花灰蝶属 Flos	截灰蝶属 Cheritrella	双尾灰蝶属 Tajuria	克灰蝶属 Creon	凤灰蝶属 Charana	莱灰蝶属 Remelana	细灰蝶属 Syntarucus
雅灰蝶属 Jamides	棕灰蝶属 Euchrysops	美姬灰蝶属 Megisba	一点灰蝶属 Neopithecops	紫灰蝶属 Chilades		

田建北
Tian Jianbei

中国昆虫学会 蝴蝶分会 会员　Member, Professional Committee of Butterflies, ESC

绢蝶属 Parnassius	绢粉蝶属 Aporia	橘眼蝶属 Karanasa	优眼蝶属 Eugrumia	渲黑眼蝶属 Atercoloratus	蛱蝶属 Nymphalis	孔雀蛱蝶属 Inachis
麻蛱蝶属 Aglais	琉璃蛱蝶属 Kaniska	红蛱蝶属 Vanessa	紫蛱蝶属 Sasakia	脉蛱蝶属 Hestina	累积蛱蝶属 Lelecella	电蛱蝶属 Dichorragia
伞蛱蝶属 Aldania						

谷宇 / 毕明磊
Gu Yu / Bi Minglei

宁眼蝶属 Ninguta	藏眼蝶属 Tatinga	多眼蝶属 Kirinia	白眼蝶属 Melanargia	云眼蝶属 Hyponephele	眼蝶属 Satyrus	仁眼蝶属 Eumenis
绢眼蝶属 Davidina	珍眼蝶属 Coenonympha	贝眼蝶属 Boeberia	窗蛱蝶属 Dilipa	线蛱蝶属 Limenitis	葩蛱蝶属 Patsuia	珞灰蝶属 Scolitantides
欣灰蝶属 Shijimiaeoides						

谷宇 / 陈东凯
Gu Yu / Chen Dongkai

丝带凤蝶属 Sericinus	虎凤蝶属 Luehdorfia	襟粉蝶属 Anthocharis	粉蝶属 Callarge	豹蛱蝶属 Argynnis	斐豹蛱蝶属 Argyreus	老豹蛱蝶属 Argyronome
潘豹蛱蝶属 Pandoriana	云豹蛱蝶属 Nephargynnis	小豹蛱蝶属 Brenthis	青豹蛱蝶属 Damora	银豹蛱蝶属 Childrena	斑豹蛱蝶属 Speyeria	福蛱蝶属 Fabriciana

参考文献

顾茂彬，陈佩珍. 海南岛蝴蝶. 北京：中国林业出版社，1997.

徐堉峰. 台湾蝴蝶图鉴. 台北：晨星出版社，2013.

黄灏，张巍巍. 常见蝴蝶野外辨识手册. 重庆：重庆大学出版社，2008.

黄人鑫，周红，李新平. 新疆蝴蝶. 乌鲁木齐：新疆科技卫生出版社，2000.

李昌廉. 云南舜眼蝶属二新种及一新亚种（蝶亚目：眼蝶科）. 西南农业大学学报，1994，2：95-97.

李昌廉. 云南山眼蝶属一新种及二新亚种（蝶亚目：眼蝶科）. 西南农业大学学报，1994，2：98-100.

李传隆. 中国蝶类新种小志Ⅱ. 昆虫学报，1962（2）：139-143，148-158.

李传隆. 中国蝶类新种小志Ⅴ. 动物分类学报，1979（1）：35-38，100.

李传隆. 中国蝶类新种小志Ⅵ. 昆虫分类学报，1985，3：195-197.

李传隆. 云南蝴蝶. 北京：中国林业出版社，1995.

林春吉，苏锦平. 台湾蝴蝶大图鉴. 宜兰：绿世界工作室，2013.

罗益奎，许永亮. 郊野情报：蝴蝶篇. 香港：天地图书，2004.

寿建新，李宇飞. 世界蝴蝶分类名录. 西安：陕西科学技术出版社，2006.

藤冈知夫，筑山洋，千叶秀幸. 日本产蝶类及び世界近缘种大图鉴：1. 东京：出版芸术社，1997.

王敏，范骁凌. 中国灰蝶志. 郑州：河南科学技术出版社，2002.

王直诚. 东北蝶类志. 吉林：吉林科学技术出版社，1999.

武春生. 中国动物志：昆虫纲第25卷，鳞翅目：凤蝶科. 北京：科学出版社，2001.

武春生. 中国动物志：昆虫纲第52卷，鳞翅目：粉蝶科. 北京：科学出版社，2010.

小岩屋敏. 世界のゼフィルス大図鉴・月刊むし・昆虫大図鉴シリーズ 5. 东京：月刊むし社，2007.

杨宏，王春浩，禹平. 北京蝶类原色图鉴. 北京：科学技术文献出版社，1994.

袁锋，王宗庆，袁向群. 中国稻弄蝶属Parnara分类与一新纪录种(鳞翅目：弄蝶总科：弄蝶科). 昆虫分类学报，2005（4）：292 - 296.

袁锋，袁向群，薛国喜. 中国动物志：昆虫纲第55卷，鳞翅目：弄蝶科. 北京：科学出版社，2015.

张巍巍，李元胜. 中国昆虫生态大图鉴. 重庆：重庆大学出版社，2011.

周尧. 中国蝶类志. 郑州：河南科学技术出版社，1992.

Ackery PR, Vane-Wright RI. Milkweed Butterflies, Their Cladistics and Biology. London: British Museum (Natural History), 1984.

Bascombe M, Johnston G, Bascombe F. The Butterflies of Hong Kong. London: Academic Press, 1999.

Bozano GC. Guide to the Butterflies of the Palearctic Region, Satyridae Part I. Milano: Omnes Artes, 1999.

Bozano GC. Guide to the Butterflies of the Palearctic Region, Satyrinae Part III. Milano: Omnes Artes, 2002.

Bozano GC. Guide to the Butterflies of the Palearctic Region Nymphalidae Part III. Milano: Omnes Artes, 2008.

Bozano GC. Guide to the Butterflies of the Palearctic Region, Satyrinae Part IV. Milano: Omnes Artes, 2011.

Bozano GC, Coutsis JG, Heřman P, et al. Guide to the Butterflies of the Palearctic Region Pieridae Part III. Milano: Omnes Artes, 2016.

Bozano GC, Floriani A. Guide to the Butterflies of the Palearctic Region Nymphalidae Part V. Milano: Omnes Artes, 2012.

Bozano GC, Weidenhoffer Z. Guide to the Butterflies of the Palearctic Region. Lycaenidae Part I. Milano: Omnes Artes, 2001.

Bozano GC, Weidenhoffer Z, Churkin S. Guide to the Butterflies of the Palearctic Region. Lycaenidae Part II. Milano: Omnes Artes, 2004.

Callaghan CJ. The Riodinid butterflies of Vietnam (Lepidoptera). Journal of the Lepidopterists' Society, 2009, 63(2): 61–82.

Chiba H. A revision of the subfamily Coeliadinae (Lepidoptera: Hesperiidae). Bulletin of the Kitakyushu Museum of Natural History and Human History (Ser. A), 2009, 7: 1–102.

Chiba H, Eliot JN. A revision of the genus *Parnara* Moore (Lepidoptera, Hesperiidae) with special reference to the Asian species. Tyô to Ga. 1991, 42(3): 179–194.

D'Abrera B. Butterflies of the Oriental Region, Part I. Melbourne: Hill House Publishers, 1982.

D'Abrera B. Butterflies of the Oriental Region, Part II. Melbourne: Hill House Publishers, 1985.

D'Abrera B. Butterflies of the Oriental Region, Part III. Melbourne: Hill House Publishers, 1986.

D'Abrera B. Butterflies of the Holarctic Region, Part I. Melbourne: Hill House Publishers, 1990.

D'Abrera B. Butterflies of the Holarctic Region, Part II. Melbourne: Hill House Publishers, 1992.

D'Abrera B. Butterflies of the Holarctic Region, Part III. Melbourne: Hill House Publishers, 1993.

De Jong R. Notes on some skippers of the *Taractrocera*-group (Lepidoptera: Hesperiidae: Hesperiinae) from New Guinea. Zoologische Mededelingen, 2008, 82(10): 73–80.

Della Bruna C, Gallo E, Lucarelli M, et al. Guide to the Butterflies of the Palearctic Region, Satyridae Part II. Milano: Omnes Artes, 2000.

Della Bruna C, Gallo E, Lucarelli M, et al. Guide to the Butterflies of the Palearctic Region, Satyrinae Part II. 2nd ed. Milano: Omnes Artes, 2002.

Della Bruna C, Gallo E, Sbordoni V. Guide to the Butterflies of the Palearctic Region. Pieridae Part I. Milano: Omnes Artes, 2004.

Devyatkin AL. New Hesperiidae from North Vietnam with the description of a new genus (Lepidoptera, Rhopalocera). Atalanta, 1996, 27(3/4): 596–600.

Devyatkin AL, Monastyrskii AL. Hesperiidae of Vietnam 12, A further contribution to the Hesperiidae fauna of North and Central Vietnam. Atalanta, 2002, 33: 137–155.

Devyatkin AL. Hesperiidae of Vietnam 6, Two new species of the genera *Suada* de Nicéville, 1895 and *Quedara* Swinhoe, 1907 (Lepidoptera, Hesperiidae). Atalanta, 2002, 33(1/2): 193–197.

Eckweiler W, Bozano GC. Guide to the Butterflies of the Palearctic Region. Lycaenidae Part IV. Milano: Omnes Artes, 2016.

Ek-Amnuay P. Butterflies of Thailand. 2nd ed. Bangkok: Amarin Printing & Publishing, 2012.

Eliot JN. An analysis of the Eurasian and Australian Neptini (Nymphalidae). Bulletin of the British Museum (Natural History), Entomology, 1969, Supplement 15: 1-155.

Eliot JN. Butterflies of Malay Peninsula (originally by Corbet AT & Pendlebury HM), 3rd ed. Kuala Lumpur: Malayan Nature Society, 1978.

Eliot JN. A review of the Miletini (Lepidoptera: Lycaenidae). Bulletin of the British Museum (Natural History), Entomology Series, 1986, 53: 1-105.

Eliot JN. Notes on the genus *Curetis* Hübner (Lepidoptera, Lycaenidae). Tyô to Ga, 1990, 41(4): 201–225.

Eliot JN. The Butterflies of the Malay Peninsula (originally by Corbet, AT & Pendlebury, H M). 4th ed. Kuala Lumpur: Malayan Nature Society, 1992.

Eliot JN, Kawazoe A. Blue Butterflies of the *Lycaenopsis* Group. London: British Museum (Natural History), 1983.

Evans BWH. A Catalogue of the Hesperiidae from Europe, Asia, Australia in the British Museum (Natural History). London: The British Museum, 1949.

Evans BWH. A revision of the *Arhopala* group of Oriental Lycaenidae (Lepidoptera: Rhopalocera).

Bulletin of the British Museum (Natural History), Entomology, 1957, V: 85-141.

Fan XL, Chiba H. A new species of the genus *Hyarotis* Moore (Lepidoptera: Hesperiidae) from China. Journal of South China Agricultural University, 2008, 29(2): 74–75.

Fan XL, Wang M. Discovery of the genus *Praescobura* Devyatkin (Lepidoptera, Hesperiidae) in China. Acta Zootaxonomica Sinica, 2008, 33(3): 637–639.

Fan XL, Wang M, Chen LS, et al. The genus *Zographetus* Watson (Lepidoptera: Hesperiidae) in China, with the description of two new species. Entomological News, 2007, 118(3): 296–302.

Fan XL, Wang M, Zeng L. The genus *Idmon* de Nicéville (Lepidoptera: Hesperiidae) from China, with description of two new species. Zootaxa, 2007, 1510: 57–62.

Gallo E, Della Bruna C. Guide to the Butterflies of the Palearctic Region Nymphalidae Part VI. Milano: Omnes Artes, 2013.

Grieshuber J. Guide to the Butterflies of the Palearctic Region Pieridae Part II. Milano: Omnes Artes, 2014.

Hu SJ, Zhang X, Cotton AM, et al. Discovery of a third species of *Lamproptera* Grey, 1832 (Lepidoptera: Papilionidae). Zootaxa, 2014, 3786: 469–482.

Huang H. Research on the butterflies of the Namjagbarwa Region of S. E. Tibet. Neue Entomologische Nachrichten, 1998, 41: 207-263.

Huang H. *Lethe wui* sp. nov. from Metok, S.E. Tibet. Lambillionea, 1999, 1: 129-131.

Huang H. *Plebejus obscurolunulata* sp. n. from Tsinghai province of China. Lambillionea, 1999, 3: 327-328.

Huang H. A list of butterflies collected from Tibet during 1993-1996, with new descriptions, revisional notes and discussion on zoogeography - 1 (Lepidoptera: Rhopalocera) (part. 1). Lambillionea, 2000, 1: 141-158.

Huang H. A list of butterflies collected from Tibet during 1993-1996, with new descriptions, revisional notes and discussion on zoogeography - 1 (Lepidoptera: Rhopalocera) (part. 2). Lambillionea, 2000, 2: 238-259.

Huang H. Report of H. Huang's 2000 expedition to SE. Tibet for Rhopalocera. Neue Entomologische Nachrichten, 2001, 51: 65-151.

Huang H. Some new butterflies from China - 2 (Lepidoptera, Hesperiidae). Atalanta, 2002, 33(1/2): 109–122.

Huang H. Some new nymphalids from the valleys of Nujiang and Dulongjiang, China (Lepidoptera, Nymphalidae). Atalanta, 2002, 33(3/4): 339-360.

Huang H. Some new satyrids of the tribe Lethini from China. Atalanta, 2002, 33(3/4): 361-372.

Huang H. A list of butterflies collected from Nujiang (Lou Tse Kiang) and Dulongjiang, China with descriptions of new species, and revisional notes. Neue Entomologische Nachrichten, 2003, 55: 3–114.

Huang H. Notes on the genus *Thoressa* Swinhoe, [1913] from China, with description of a new species (Lepidoptera, Hesperiidae). Atalanta, 2011, 42(1-4): 193–200.

Huang H. Notes on the genus *Caltoris* Swinhoe, 1893 and *Baoris* Moore, [1881] from China (Lepidoptera, Hesperiidae). Atalanta, 2011, 42(1-4): 201–220.

Huang H. New or little known butterflies from China (Lepidoptera: Nymphalidae et Lycaenidae). Atalanta, 2014, 45: 151-162.

Huang H, Chen AM. *Ahlbergia clarolinea* spec. nov. from NW Yunnan Province, China (Lepidoptera: Lycaenidae). Atalanta, 2006, 37(3/4): 317-321.

Huang H, Chen YC. A new species of *Ahlbergia* Bryk from SE China. Atalanta, 2005, 36(1/2): 161-167.

Huang H, Chen Z. A new species of *Tongeia* Tutt, (1908) from Northeast Yunnan, China. (Lepidoptera: Lycaenidae). Atalanta, 2006, 37(1/2): 184-190.

Huang H, Chen Z, Li M. *Ahlbergia confusa* spec. nov. from SE China. (Lepidoptera: Lycaenidae). Atalanta, 2006, 37(1/2): 175-183.

Huang H, Song K. New or little known elfin lycaenids from Shaanxi, China. (Lepidoptera: Lycaenidae). Atalanta, 2006, 37(1/2): 161-167.

Huang H, Wu CS. New and little known Chinese butterflies in the collection of the Institute of Zoology, Academia Sinica, Beijing - 1. Neue Entologische Nachrichten, 2003, 55: 115-143.

Huang H, Wu CS, Yuan F. *Zophoessa ocellata* (Poujade, 1885) and its allies in China with the description of two new species. A review of the genera *Lethe*, *Zophoessa* and *Neope* in China - 1. Neue Entomologische Nachrichten, 2003, 55: 145-158.

Huang H, Xue YP. A Contribution to the Butterfly Fauna of Southern Yunnan. Neue Entomologische Nachrichten, 2004, 57: 135-154.

Huang H, Xue YP. A new species of Miletus from the extreme south of Yunnan, China (Lepidoptera, Lycaenidae). Neue Entomologische Nachrichten, 2004, 57: 155-160.

Huang H, Xue YP. The Chinese *Pseudocoladenia* skippers (Lepidoptera, Hespeiidae). Neue Entomologische Nachrichten, 2004, 57: 161–170.

Huang H, Xue YP. Notes on some Chinese butterflies. Neue Entomologische Nachrichten. 2004, 57: 171-177.

Huang H, Zhan CH. Notes on the genera *Thoressa* and *Pedesta*, with description of a new species from South China. Neue Entomologische Nachrichten, 2004, 57: 179–186.

Huang H, Zhan CH. A new species of *Ahlbergia* Bryk, 1946 from Guangdong, SE China. Atalanta 2006, 37(1/2): 168-174.

Huang H, Zhou LP. Discovery of two new species of the "elfin" butterflies from Shaanxi Province, China (Lycaenidae, Theclinae). Atalanta, 2014, 45(1-4): 139-150.

Huang H, Zhu JQ. *Ahlbergia maoweiweii* sp. n. from Shaanxi, China with revisional notes on similar species (Lepidoptera: Lycaenidae). Zootaxa, 2016, 4114(4): 409-433.

Huang H, Zhu JQ, Li AM, et al. A review of *Deudorix repercussa* group from China. Atalanta, 2016, 47(1/2): 179-195.

Huang RX, Murayama S. Butterflies of Xinjiang province, China. Tyô to Ga, 1992, 43(1): 1-22.

Koiwaya S. Descriptions of three new genera, eleven new species and seven new subspecies of butterflies from China. Studies of Chinese Butterflies 2, 1993, 9–27, 43-111.

Küppers PV. Butterflies of the World, Part 44, Nyphalidae XXV, *Kallima*. Keltern: Goecke & Evers, Keltern, 2015.

Küppers PV. Butterflies of the World, Supplement 25, The Leaf Butterflies of the Genus *Kallima* Doubleday, 1849. Keltern: Goecke & Evers, Keltern, 2015.

Lang SY. The Nymphalidae of China (Lepidoptera, Rhopalocera). Pardubice: Tshikolovets Publications, 2012.

Lang SY. Description of a new species of the genus *Euthalia* Hübner, 1819 from Yunnan Province, China (Lepidoptera. Nymphalidae). Atalanta 2012, 43(3/4): 512-514.

Lang SY. A new species of *Lethe* Hübner, 1819 from W. China (Lepidoptera, Nymphalidae). Atalanta, 2014, 45(1-4): 171-174.

Lang SY, Huang H. A new subspecies of the Genus *Cyllogenes* Butler, 1868 from SE. Tibet (Lepidoptera, Nymphalidae). Atalanta ,2012, 43(3/4): 509-510.

Lang SY, Liu ZH. Descriptions of one new species and one new subspecies of the genus *Lethe* Hübner, 1819 from SW. China (Lepidoptera, Nymphalidae). Atalanta,2014, 45(1-4): 167-170.

Masui A, Bozano GC, Floriani A. Guide to the Butterflies of the Palearctic Region Nymphalidae Part IV. Milano: Omnes Artes, 2011.

Monastyrskii AL. Butterflies of Vietnam, Vol. 1. Hanoi: Dolphin Media, 2005.

Monastyrskii AL. Butterflies of Vietnam, Vol. 2. Hanoi: Dolphin Media, 2007.

Monastyrskii AL. Butterflies of Vietnam, Vol. 3. Hanoi: Planorama Media, 2011.

Monastyrskii AL. Devyatkin AL. Butterflies of Vietnam (Systematic list). Moscow: Geos, 2003.

Monastyrskii AL, Devyatkin AL. Butterflies of Vietnam (an illustrated checklist). Hanoi: Dolphin Media, 2003.

Monastyrskii AL, Devyakin AL. Butterflies of Vietnam (an illustrated checklist, 2nd ed). Hanoi: Planorama Media, 2015.

Müller CJ, Wahlberg N, Beheregaray L. 'After Africa': the evolutionary history and systematics of the genus *Charaxes* Ochsenheimer (Lepidoptera: Nymphalidae) in the Indo-Pacific region. Biological Journal of the Linnean Society, 2010, 100: 457–481.

Osada S, Umura Y, Uehara J. An Illustrated Checklist of the Butterflies of Laos P. D. R. Tokyo: Mokuyo-sha, 1999.

Racheli T, Cotton AM. Guide to the Butterflies of the Palearctic Region. Papilionidae. Part I. Milano: Omnes Artes, 2009.

Racheli T, Cotton AM. Guide to the Butterflies of the Palearctic Region. Papilionidae. Part II. Milano: Omnes Artes, 2010.

Saigusa T, Lee CL. A rare papilionid butterfly *Bhutanitis mansfieldi* (Riley), its rediscovery, new subspecies and phylogenetic position. Tyô to Ga, 1982(33): 1–24.

Sugiyama H. New butterflies from western China (VI). Pallarge, 1999, 7: 1–14.

Tuzov VK. 2003. Guide to the Butterflies of the Palearctic Region Nymphalidae Part I. Milano: Omnes Artes, 2003.

Tuzov VK, Bogdanov PV, Devyatkin AL, et al. Guide to the Butterflie of Russia and Adjacent Territories Volume 1. Moscow: PENSOFT: 1997.

Tuzov VK, Bogdanov PV, Chunrkin SV, et al. Guide to the Butterflie of Russia and Adjacent Territories Volume 2. Moscow: PENSOFT: 2000.

Tuzov VK, Bozano GC. Guide to the Butterflies of the Palearctic Region Nymphalidae Part II. Milano: Omnes Artes, 2006.

Warren AD, Ogawa JR, Brower AVZ. Revised classification of the family Hesperiidae (Lepidoptera: Hesperioidea) based on combined molecular and morphological data. Systematic Entomology, 2009, 34: 467–523.

Weidenhoffer Z, Bozano GC, Zhdanko A, et al. Guide to the Butterflies of the Palearctic Region. Lycaenidae Part III. 2nd ed. Milano: Omnes Artes, 2016.

Wu LW, Yen SH, Lees DC, et al. Phylogeny and historical biogeography of Asian *Pterourus* butterflies (Lepidoptera: Papilionidae): a case of intercontinental dispersal from North America to East

Asia. PLoS ONE, 2015, 10(10): e0140933.

Xue GX, Inayoshi Y, Hu HL, et al. A new subspecies and a new synonym of the genus *Coladenia* (Hesperiidae, Pyrginae) from China. ZooKeys, 2015, 518: 129–138.

Xue GX, Li M, Nan WH, et al. A new species of the genus *Sovia* (Lepidoptera: Hesperiidae) from Qinling-Daba Mountains of China. Zootaxa, 2015, 3985(4): 583–590.

Xue GX, Lo YFP. A taxonomic note on *Erionota acroleuca* (Wood-Mason & de Nicéville, 1881) stat. rest. (Lepidoptera: Hesperiidae). Zootaxa, 2015, 3926(3): 445–447.

Yoshimoto H. *Papilio bianor* and *Papilio dehaanii*, two distinct species. Butterflies, 1998, 20: 45–49.

Yoshino K. Notes on *Papilio syfanius* and *Papilio maackii* (Papilionidae, Lepidoptera) from China. Butterflies, 2003, 36: 32–36.

Zhu JQ, Chen ZB, Li LZ. *Polytremis jigongi*: a new skipper from China (Lepidoptera: Hesperiidae). Zootaxa, 2012, 3274: 63–68.

Zhu JQ, Chiba H, Wu LW. *Tsukiyamaia*. a new genus of the tribe Baorini (Lepidoptera, Hesperiidae, Hesperiinae). ZooKeys, 2016, 555: 37–55.

Zhu JQ, Li LZ. First Record of the *Celaenorrhinus victor* Devyatkin, 2003 (Lepidoptera: Hesperiidae) from China. Far Eastern Entomologist, 2011, 235: 6–8.

学名（拉丁文）索引

A >

1022 / 1771 | *Abisara burnii* (de Nicéville, 1895)

1022 / 1772 | *Abisara chela* de Nicéville, 1886

1022 / 1770 | *Abisara echerius* (Stoll, [1790])

1021 / 1767 | *Abisara freda* Bennett, 1957

1021 / 1768 | *Abisara fylla* (Westwood, 1851)

1022 / 1769 | *Abisara fylloides* (Westwood, 1851)

1022 / 1772 | *Abisara neophron* (Hewitson, 1861)

1328 / 1914 | *Abraximorpha davidii* (Mabille, 1876)

1328 / ——— | *Abraximorpha esta* Evans, 1949

0944 / 1734 | *Abrota ganga* Moore, 1857

0726 / ——— | *Acraea issoria* (Hübner, [1819])

0726 / 1642 | *Acraea violae* (Fabricius, 1793)

0559 / ——— | *Acropolis thalia* (Leech, 1891)

1242 / 1873 | *Acytolepis puspa* (Horsfield, [1828])

0700 / 1637 | *Aemona amathusia* (Hewitson, 1867)

0700 / ——— | *Aemona lena* Atkinson, 1871

0700 / ——— | *Aemona oberthueri* Stichel, 1906

1349 / 1923 | *Aeromachus bandaishanus* Murayama & Shimonoya, 1968

1349 / ——— | *Aeromachus catocyanea* (Mabille, 1876)

1350 / ——— | *Aeromachus dadlailamus* (Mabille, 1876)

1350 / 1924 | *Aeromachus inachus* (Ménétriès, 1859)

1350 / 1924 | *Aeromachus jhora* (de Nicéville, 1885)

1349 / ——— | *Aeromachus kali* (de Nicéville, 1885)

1350 / 1925 | *Aeromachus nanus* Leech, 1890

1349 / 1923 | *Aeromachus piceus* Leech, 1893

1349 / ——— | *Aeromachus propinquus* Alphéraky, 1897

1350 / ——— | *Aeromachus pygmaeus* (Fabricius, 1775)

1350 / ——— | *Aeromachus stigmatus* (Moore, 1878)

0785 / ——— | *Aglais caschmirensis* (Kollar, [1844])

0785 / 1671 | *Aglais chinensis* (Leech, 1893)

0785 / ——— | *Aglais ladakensis* Moore, 1882

0785 / 1670 | *Aglais urticae* (Linnaeus, 1758)

1267 / ——— | *Agriades dis* (Grum-Grshimaïlo, 1891)

1267 / ——— | *Agriades lamasem* (Oberthür, 1910)

1267 / ——— | *Agriades orbona* (Grum-Grshimailo, 1891)

1267 / ——— | *Agriades pheretiades* (Eversmann, 1843)

1268 / 1891 | *Agrodiaetus amandus* (Schneider, 1792)

1184 / ——— | *Ahlbergia chalcides* Chou & Li, 1994

1184 / ——— | *Ahlbergia circe* (Leech, 1893)

1184 / ——— | *Ahlbergia clarofacia* Johnson, 1992

1184 / ——— | *Ahlbergia clarolinea* Huang & Chen, 2006

1184 / ——— | *Ahlbergia dongyui* Huang & Zhan, 2006

1181 / ——— | *Ahlbergia ferrea* (Butler, 1866)

1181 / ——— | *Ahlbergia frivaldszkyi* (Lederer, 1855)

1184 / ——— | *Ahlbergia leechii* (Niceville, 1893)

1184 / ——— | *Ahlbergia leechuanlungi* Huang & Chen, 2005

1181 / ——— | *Ahlbergia leei* Johnson, 1992

1181 / ——— | *Ahlbergia liyufeii* Huang & Zhou, 2014

1180 / 1827 | *Ahlbergia nicevillei* (Leech, 1893)

1181 / ——— | *Ahlbergia pluto* (Leech, [1893])

1181 / ——— | *Ahlbergia prodiga* Johnson, 1992

1184 / ——— | *Ahlbergia tricaudata* Johnson, 1992

1329 / ——— | *Albiphasma heringi* (Mell, 1922)

1329 / ——— | *Albiphasma pieridoides* (Liu & Gu, 1994)

1261 / ——— | *Albulina amphirrhoe* Oberthür, 1910

1261 / ——— | *Albulina felicis* (Oberthür, 1886)

1261 / ——— | *Albulina lucifuga* (Fruhstorfer, 1915)

1261 / 1885 | *Albulina orbitula* (de Prunner, 1798)

1263 / ——— | *Albulina younghusbandi* (Elwes, 1906)

1013 / ——— | *Aldania imitans* (Oberthür, 1897)

1013 / ——— | *Aldania raddei* (Bremer, 1861)

1036 / 1782 | *Allotinus drumila* (Moore, [1866])

0695 / ——— | *Amathuxidia morishitai* Chou & Gu, 1994

1139 / 1808 | *Amblopala avidiena* (Hewitson, 1877)

1139 / ——— | *Amblypodia anita* Hewitson, 1862

1351 / 1926 | *Ampittia dioscorides* (Fabricius, 1793)

1351 / ——— | *Ampittia trimacula* (Leech, 1891)

1351 / 1927 | *Ampittia virgata* (Leech, 1890)

1164 / 1818 | *Ancema blanka* (de Nicéville, 1894)

1164 / 1817 | *Ancema ctesia* (Hewitson, [1865])

1372 / ——— | *Ancistroides nigrita* (Latreille, 1824)

1214 / ——— | *Anthene emolus* (Godart, [1824])

1214 / 1848 | *Anthene lycaenina* (Felder, 1868)

0426 / 1545 | *Anthocharis bambusarum* Oberthür, 1876

0426 / 1543 | *Anthocharis bieti* (Oberthür, 1884)

0426 / 1543 | *Anthocharis cardamines* (Linnaeus, 1758)

0426 / 1542 | *Anthocharis scolymus* Butler, 1866

1066 / 1792 | *Antigius attilia* (Bremer, 1861)

1067 / ——— | *Antigius butleri* (Fenton, [1882])

1066 / ——— | *Antigius cheni* Koiwaya, 2004

1066 / ——— | *Antigius jinpingi* Hsu, 2009

0838 / ——— | *Apatura bieti* Oberthür, 1885

0837 / 1699 | *Apatura ilia* (Denis & Schiffermuller, 1775)

0837 / ——— | *Apatura iris* (Linnaeus, 1758)

0838 / 1700 | *Apatura laverna* Leech, 1892

0837 / ——— | *Apatura metis* (Freyer, 1829)

0629 / ——— | *Aphantopus arvensis* (Oberthür, 1876)

0629 / 1618 | *Aphantopus hyperantus* (Linnaeus, 1758)

1150 / 1811 | *Apharitis epargyros* (Eversmann, 1854)

0379 / ——— | *Apoia monbeigi* (Oberthür, 1917)

0387 / ——— | *Aporia acraea* (Oberthür, 1886)

0392 / 1527 | *Aporia agathon* (Gray, 1831)

0375 / ——— | *Aporia bernardi* Koiwaya, 1989

0363 / 1522 | *Aporia bieti* (Oberthür, 1884)

0363 / 1522 | *Aporia crataegi* (Linnaeus, 1758)

0392 / 1528 | *Aporia delavayi* (Oberthür, 1890)

0368 / 1524 | *Aporia genestieri* (Oberthür, 1902)

0379 / ——— | *Aporia gigantea* Koiwaya, 1993

0375 / ——— | *Aporia goutellei* (Oberthür, 1886)

0387 / 1526 | *Aporia harrietae* (de Nicéville, [1893])

0387 / ——— | *Aporia hastata* (Oberthür, 1892)

0363 / 1522 | *Aporia hippia* (Bremer, 1861)

0375 / ——— | *Aporia kamei* Koiwaya, 1989

0379 / ——— | *Aporia kanekoi* Koiwaya, 1989

0379 / 1525 | *Aporia largeteaui* (Oberthür, 1881)

0392 / ——— | *Aporia larraldei* (Oberthür, 1876)

0379 / ——— | *Aporia lemoulti* Bernardi, 1944

0368 / 1524 | *Aporia leucodice* (Eversmann, 1843)

0375 / ——— | *Aporia lhamo* (Oberthür, 1893)

0363 / 1523 | *Aporia martineti* (Oberthür, 1884)

0387 / ——— | *Aporia nishimurai* Koiwaya, 1989

0379 / ——— | *Aporia oberthueri* (Leech, 1890)

0368 / 1524 | *Aporia potanini* Alphéraky, 1892

0368 / ——— | *Aporia procris* Leech, 1890

0368 / ——— | *Aporia signiana* Sugiyama, 1994

0387 / ——— | *Aporia tayiensis* Yoshino, 1995

0368 / 1525 | *Aporia tsinglingica* (Verity, 1911)

0375 / ——— | *Aporia uedai* Koiwaya, 1989

0387 / ——— | *Aporia wolongensis* Yoshion, 1995

1342 / ——— | *Apostictopterus fuliginosus* Leech, 1893

0350 / 1518 | *Appias albina* (Boisduval, 1836)

0355 / 1520 | *Appias galba* (Wallace, 1867)
0350 / 1519 | *Appias indra* (Moore, 1857)
0355 / ——— | *Appias lalage* (Doubleday, 1842)
0355 / ——— | *Appias lalassis* Grose-Smith, 1887
0350 / 1517 | *Appias libythea* (Fabricius, 1775)
0355 / 1520 | *Appias lyncida* (Cramer, [1777])
0355 / 1519 | *Appias pandione* Geyer, 1832
0350 / 1517 | *Appias paulina* (Cramer, [1777])
1064 / 1792 | *Araragi enthea* (Janson, 1877)
1064 / ——— | *Araragi panda* Hsu & Chou, 2001
1064 / ——— | *Araragi sugiyamai* Matsui, 1989
0806 / ——— | *Araschnia burejana* (Bremer, 1861)
0807 / ——— | *Araschnia chinensis* Oberthür, 1917
0806 / 1686 | *Araschnia davidis* Poujade, 1885
0806 / 1686 | *Araschnia doris* Leech, [1892]
0806 / 1685 | *Araschnia levana* (Linnaeus, 1758)
0807 / 1687 | *Araschnia prorsoides* (Blanchard, 1871)
0631 / 1618 | *Arethusana arethusa* ([Schiffermüller], 1775)
0617 / 1612 | *Argestina inconstans* (South, 1913)
0617 / ——— | *Argestina pomena* Evans, 1915
0617 / ——— | *Argestina waltoni* (Elwes, 1906)
0739 / 1650 | *Argynnis paphia* (Linnaeus, 1758)
0739 / 1651 | *Argyreus hyperbius* (Linnaeus, 1763)
0742 / 1653 | *Argyronome laodice* Pallas, 1771
0742 / ——— | *Argyronome ruslana* Motschulsky, 1866
1130 / 1804 | *Arhopala aida* de Nicéville, 1889
1130 / ——— | *Arhopala bazaloides* (Hewitson, 1878)
1128 / 1802 | *Arhopala bazalus* (Hewitson, 1862)
1131 / 1804 | *Arhopala birmana* (Moore, [1884])
1131 / 1805 | *Arhopala centaurus* (Fabricius, 1775)
1130 / ——— | *Arhopala comica* de Nicéville, 1900
1131 / ——— | *Arhopala eumolphus* (Cramer, [1780])
1131 / ——— | *Arhopala ganesa* (Moore, [1858])
1130 / ——— | *Arhopala japonica* (Murray, 1875)
1130 / 1803 | *Arhopala paramuta* (de Nicéville, [1884])
1128 / 1803 | *Arhopala rama* (Kollar, [1844])
0889 / 1722 | *Ariadne ariadne* (Linnaeus, 1763)
0889 / ——— | *Ariadne merione* (Cramer, [1777])
1263 / 1886 | *Aricia allous* (Geyer, [1836])
1263 / 1886 | *Aricia chinensis* Murray, 1874
1371 / ——— | *Arnetta atkinsoni* (Moore, 1878)
1171 / 1821 | *Artipe eryx* Linnaeus, 1771

1049 / 1787 | *Artopoetes praetextatus* (Fujioka, 1992)

1049 / ——— | *Artopoetes pryeri* (Murray, 1873)

1373 / 1934 | *Astictopterus jama* C. & R. Felder, 1860

0632 / ——— | *Atercoloratus alini* (Bang-Haas, 1937)

1206 / 1838 | *Athamanthia pang* (Oberthür, 1886)

1206 / 1839 | *Athamanthia standfussi* (Grum-Grshimailo, 1891)

1206 / 1837 | *Athamanthia svenhedini* Nordström, 1935

1205 / 1837 | *Athamanthia tseng* (Oberthür, 1886)

0965 / 1748 | *Athyma asura* Moore, [1858]

0957 / 1741 | *Athyma cama* Moore, [1858]

0965 / 1747 | *Athyma fortuna* Leech, 1889

0965 / 1747 | *Athyma jina* Moore, [1858]

0961 / 1745 | *Athyma nefte* (Cramer, [1780])

0957 / 1740 | *Athyma opalina* (Kollar, [1844])

0957 / ——— | *Athyma orientalis* Elwes, 1888

0961 / 1742 | *Athyma perius* (Linnaeus, 1758)

0957 / ——— | *Athyma pravara* Moore, [1858]

0965 / 1745 | *Athyma punctata* Leech, 1890

0965 / 1746 | *Athyma ranga* Moore, [1858]

0961 / ——— | *Athyma recurva* Leech, 1893

0961 / 1743 | *Athyma selenophora* (Kollar, [1844])

0961 / ——— | *Athyma whitei* (Tytler, 1940)

0961 / 1744 | *Athyma zeroca* Moore, 1872

0037 / 1445 | *Atrophaneura aidoneus* (Doubleday, 1845)

0037 / 1444 | *Atrophaneura horishanus* (Matsumura, 1910)

0037 / ——— | *Atrophaneura varuna* (White, 1842)

0587 / ——— | *Aulocera brahminus* (Blanchard, 1853)

0587 / ——— | *Aulocera lativitta* Leech, 1892

0584 / ——— | *Aulocera loha* Doherty, 1886

0584 / 1602 | *Aulocera magica* (Oberthür, 1886)

0584 / ——— | *Aulocera merlina* (Oberthür, 1890)

0584 / ——— | *Aulocera padma* (Kollar, [1844])

0587 / ——— | *Aulocera sybillina* (Oberthür, 1890)

0944 / 1735 | *Auzakia danava* (Moore, [1858])

B >

1283 / 1896 | *Badamia exclamationis* (Fabricius, 1775)

0417 / 1540 | *Baltia butleri* (Moore, 1882)

1419 / ——— | *Baoris farri* (Moore, 1878)

1419 / 1952 | *Baoris leechii* Elwes & Edwards, 1897

1419 / ——— | *Baoris penicillata* Moore, 1881

1339 / ——— | *Barca bicolor* (Oberthür, 1896)

0893 / 1723 | *Bhagadatta austenia* (Moore, 1872)

0239 / ——— | *Bhutanitis lidderdalii* Atkinson, 1873

0239 / ——— | *Bhutanitis mansfieldi* (Riley, 1939)

0239 / 1480 | *Bhutanitis thaidina* (Blanchard, 1871)

1272 / ——— | *Bibasis sena* (Moore, 1865)

0632 / 1618 | *Boeberia parmenio* (Boeber, 1809)

0763 / 1662 | *Boloria generator* Staudinger, 1886

0763 / ——— | *Boloria palina* Fruhstorfer, 1903

0763 / ——— | *Boloria sifanica* Grum-Grshimailo, 1891

1417 / 1951 | *Borbo cinnara* (Wallace, 1866)

1242 / ——— | *Bothrinia nebulosa* (Leech, 1890)

0745 / 1656 | *Brenthis daphne* (Bergsträsser, 1780)

0745 / ——— | *Brenthis hecate* (Schiffermüller, 1775)

0745 / 1655 | *Brenthis ino* (Rottemburg, 1775)

1273 / ——— | *Burara amara* (Moore, 1866)

1272 / ——— | *Burara aquilia* (Speyer, 1879)

1276 / 1893 | *Burara gomata* (Moore, 1865)

1273 / ——— | *Burara harisa* (Moore, 1865)

1273 / 1892 | *Burara jaina* (Moore, 1866)

1276 / 1894 | *Burara miracula* (Evans, 1949)

1273 / ——— | *Burara oedipodea* (Swainson, 1820)

1276 / ——— | *Burara striata* (Hewitson, 1867)

1273 / ——— | *Burara vasutana* (Moore, 1866)

0043 / 1446 | *Byasa alcinous* (Klug, 1836)

0043 / ——— | *Byasa confusus* (Jordan, 1896)

0050 / ——— | *Byasa crassipes* (Oberthür, 1893)

0063 / ——— | *Byasa daemonius* (Alphéraky, 1895)

0063 / ——— | *Byasa dasarada* (Moore, [1858])

0050 / ——— | *Byasa hedistus* (Jordan, 1928)

0043 / 1446 | *Byasa impediens* (Seitz, 1907)

0063 / ——— | *Byasa latreillei* (Donovan, 1826)

0043 / ——— | *Byasa mencius* (C. & R. Felder, 1862)

0050 / ——— | *Byasa nevilli* (Wood-Mason, 1882)

0050 / ——— | *Byasa plutonius* (Oberthür, 1876)

0063 / ——— | *Byasa polla* (de Nicéville, 1897)

0050 / 1446 | *Byasa polyeuctes* (Doubleday, 1842)

0050 / ——— | *Byasa rhadinus* (Jordan, 1928)

C >

1256 / ——— | *Caerulea coelestis* (Alphéraky, 1897)

1256 / ——— | *Caerulea coeligena* (Oberthür, 1876)

1217 / 1852 | *Caleta elna* (Hewitson, 1876)

1217 / 1852 | *Caleta roxus* (Godart, [1824])

0680 / ——— | *Calinaga aborica* Tytler, 1915

0680 / 1634 | *Calinaga buddha* Moore, 1857

0680 / ——— | *Calinaga davidis* Oberthür, 1879

0685 / ——— | *Calinaga funebris* Oberthür, 1919

0680 / ——— | *Calinaga lhatso* Obrthür, 1893

0685 / ——— | *Calinaga sudassana* Melvill, 1893

0548 / 1583 | *Callarge sagitta* (Leech, 1890)

1246 / 1875 | *Callenya melaena* (Doherty, 1889)

0608 / ——— | *Callerebia annada* (Moore, [1858])

0608 / 1609 | *Callerebia baileyi* South, 1913

0608 / ——— | *Callerebia polyphemus* (Oberthür, 1876)

0608 / ——— | *Callerebia scanda* (Kollar, 1844)

1180 / ——— | *Callophrys rubi* (Linnaeus, 1758)

1432 / ——— | *Caltoris aurociliata* (Elwes & Edwards, 1897)

1432 / ——— | *Caltoris bromus* (Leech, 1894)

1432 / 1960 | *Caltoris cahira* (Moore, 1877)

1432 / ——— | *Caltoris septentrionalis* Koiwaya, 1993

1432 / ——— | *Caltoris sirius* (Evans, 1926)

1290 / ——— | *Capila lidderdali* (Elwes, 1888)

1289 / ——— | *Capila lineata* Chou & Gu, 1994

1289 / ——— | *Capila omeia* (Leech, 1894)

1289 / 1898 | *Capila pauripunetata* Chou & Gu, 1994

1289 / ——— | *Capila pennicillatum* (de Nicéville, 1893)

1290 / ——— | *Capila pieridoides* (Moore, 1878)

1289 / 1898 | *Capila translucida* Leech, 1894

1313 / ——— | *Caprona alida* (de Nicéville, 1891)

1335 / ——— | *Carcharodus flocciferus* (Zeller, 1847)

1345 / ——— | *Carterocephalus abax* Oberthür, 1886

1345 / 1921 | *Carterocephalus alcinoides* Lee, 1962

1345 / 1921 | *Carterocephalus argyrostigma* (Eversmann, 1851)

1345 / ——— | *Carterocephalus avanti* (de Nicéville, 1886)

1346 / ——— | *Carterocephalus christophi* Grum-Grshimailo, 1891

1345 / 1922 | *Carterocephalus dieckmanni* Graeser, 1888

1346 / ——— | *Carterocephalus flavomaculatus* Oberthür, 1886

1344 / ——— | *Carterocephalus houangty* Oberthür, 1886

1345 / ——— | *Carterocephalus micio* Oberthür, 1891

1346 / ——— | *Carterocephalus niveomaculatus* Oberthür, 1886

1344 / ——— | *Carterocephalus palaemon* (Pallas, 1771)

1346 / ——— | *Carterocephalus patra* Evans, 1939

1344 / ——— | *Carterocephalus pulchra* (Leech, 1891)

1344 / ——— | *Carterocephalus silvicola* (Meigen, 1829)

1345 / ——— | *Carterocephalus stax* Sugiyama, 1992

1344 / ——— | *Carterocephalus urasimataro* Sugiyama, 1992

1218 / 1853 | *Castalius rosimon* (Fabricius, 1775)

1144 / 1810 | *Catapaecilma major* H. H. Druce, 1895

1228 / 1861 | *Catochrysops panormus* C. Felder, 1860

1228 / 1861 | *Catochrysops strabo* Fabricius, 1793

0290 / 1492 | *Catopsilia pomona* (Fabricius, 1775)

0290 / 1493 | *Catopsilia pyranthe* (Linnaeus, 1758)

0290 / ——— | *Catopsilia scylla* (Linnaeus, 1764)

1225 / ——— | *Catopyrops ancyra* (Felder, 1960)

1303 / ——— | *Celaenorrhinus aspersa* Leech, 1891

1303 / 1903 | *Celaenorrhinus badia* (Hewitson, 1877)

1299 / ——— | *Celaenorrhinus consanguineous* Leech, 1891

1303 / ——— | *Celaenorrhinus dhanada* Moore, [1866]

1299 / 1901 | *Celaenorrhinus horishanus* Shirôzu, 1960

1299 / 1902 | *Celaenorrhinus kiku* Hering, 1918

1299 / 1901 | *Celaenorrhinus kurosawai* Shirôzu, 1963

1300 / 1902 | *Celaenorrhinus leucocera* (Kollar, [1844])

1297 / 1900 | *Celaenorrhinus maculosus* C. & R. Felder, [1867]

1297 / ——— | *Celaenorrhinus major* Hsu, 1990

1299 / ——— | *Celaenorrhinus oscula* Evans, 1949

1300 / ——— | *Celaenorrhinus patula* de Nicéville, 1889

1303 / ——— | *Celaenorrhinus pero* de Nicéville, 1889

1297 / ——— | *Celaenorrhinus pulomaya* Moore, 1865

1299 / 1901 | *Celaenorrhinus ratna* Fruhstorfer, 1909

1303 / ——— | *Celaenorrhinus tibetana* (Mabille, 1876)

1300 / ——— | *Celaenorrhinus victor* Deviatkin, 2003

1303 / 1903 | *Celaenorrhinus vietnamicus* Deviatkin, 2000

1246 / 1876 | *Celastrina argiolus* (Linnaeus, 1758)

1248 / 1877 | *Celastrina lavendularis* (Moore, 1877)

1248 / ——— | *Celastrina morsheadi* (Evans, 1915)

1248 / 1878 | *Celastrina oreas* (Leech, [1893])

1248 / 1879 | *Celastrina sugitanii* (Matsumura, 1919)

1243 / 1874 | *Celatoxia marginata* (de Nicéville, [1884])

1413 / ——— | *Cephrenes acalle* (Hopffer, 1874)

0397 / ——— | *Cepora iudith* (Fabricius, 1787)

0397 / 1530 | *Cepora nadina* (Lucas, 1852)

0397 / 1529 | *Cepora nerissa* (Fabricius, 1775)

0728 / 1644 | *Cethosia biblis* (Drury, [1773])

0728 / 1645 | *Cethosia cyane* (Drury, [1773])

0891 / ——— | *Chalinga elwesi* Oberthür, 1884

0891 / 1722 | *Chalinga pratti* (Leech, 1890)

1307 / ——— | *Chamunda chamunda* (Moore, [1866])

1161 / ——— | *Charana mandarina* (Hewitson, 1863)

0831 / 1699 | *Charaxes bernardus* (Fabricius, 1793)

0831 / ——— | *Charaxes kahruba* (Moore, [1895])

0831 / ——— | *Charaxes marmax* Westwood, 1847

0581 / ——— | *Chazara anthe* Ochsenheimer, 1807

0581 / 1601 | *Chazara briseis* (Linnaeus, 1764)

0581 / 1600 | *Chazara heydenreichii* (Lederer, 1853)

0581 / ——— | *Chazara Persephone* (Hübner, [1805])

1146 / ——— | *Cheritrella truncipennis* de Nicéville, 1887

0887 / 1721 | *Chersonesia risa* (Doubleday, [1848])

1264 / 1887 | *Chilades lajus* (Stoll, [1780])

1265 / 1888 | *Chilades pandava* (Horsfield, [1829])

0749 / 1657 | *Childrena children* (Gray, 1831)

0749 / 1657 | *Childrena zenobia* (Leech, 1890)

0844 / 1701 | *Chitoria chrysolora* (Fruhstorfer, 1908)

0842 / ——— | *Chitoria fasciola* (Leech, 1890)

0844 / ——— | *Chitoria modesta* (Oberthür, 1906)

0844 / ——— | *Chitoria naga* (Tytler, 1915)

0842 / ——— | *Chitoria pallas* Leech, 1890

0844 / ——— | *Chitoria sordida* (Moore, [1866])

0844 / ——— | *Chitoria subcaerulea* (Leech, 1891)

0844 / 1701 | *Chitoria ulupi* (Doherty, 1889)

1166 / 1818 | *Chliaria kina* (Hewitson, 1869)

1167 / ——— | *Chliaria othona* (Hewitson, 1865)

1286 / 1897 | *Choaspes benjaminii* (Guérin-Ménéville, 1843)

1286 / 1897 | *Choaspes hemixanthus* Rothschild & Jordan, 1903

1286 / ——— | *Choaspes stigmata* Evans, 1932

1286 / ——— | *Choaspes xanthopogon* (Kollar, [1844])

0519 / ——— | *Chonala episcopalis* (Oberthür, 1885)

0522 / ——— | *Chonala huertasae* Lang & Bozano, 2016

0519 / ——— | *Chonala irene* Bozano & Della Bruna, 2006

0522 / ——— | *Chonala masoni* (Elwes, 1882)

0519 / ——— | *Chonala miyatai* Koiwaya, 1996

0519 / 1572 | *Chonala praeusta* (Leech, 1890)

0519 / ——— | *Chonala yunnana* Li, 1994

1113 / ——— | *Chrysozephyrus bhutanensis* (Howarth, 1957)

1106 / ——— | *Chrysozephyrus brillantinus* (Staudinger, 1887)

1112 / 1798 | *Chrysozephyrus disparatus* (Howarth, 1957)

1100 / ——— | *Chrysozephyrus duma* (Hewitson, 1869)

1100 / ——— | *Chrysozephyrus dumoides* (Tytler, 1915)

1107 / 1797 | *Chrysozephyrus esakii* (Sonan, 1940)

1106 / ——— | *Chrysozephyrus fujiokai* Koiwaya, 2000

1105 / ——— | *Chrysozephyrus gaoi* Koiwaya, 1993

1101 / ——— | *Chrysozephyrus inthanonensis* Murayama & Kimura, 1990

1107 / 1797 | *Chrysozephyrus kabrua* (Tytler, 1915)

1101 / ——— | *Chrysozephyrus kimurai* Koiwaya, 2002

1113 / ——— | *Chrysozephyrus kirbariensis* (Tytler, 1915)

1113 / ——— | *Chrysozephyrus leigongshanensis* Chou & Li, 1994

1105 / ——— | *Chrysozephyrus linae* Koiwaya, 1993

1106 / ——— | *Chrysozephyrus marginatus* (Howarth, 1957)

1114 / 1799 | *Chrysozephyrus mushaellus* (Matsumura, 1938)

1111 / ——— | *Chrysozephyrus nigroapicalis* (Howarth, 1957)

1100 / 1797 | *Chrysozephyrus nishikaze* (Araki & Sibatani, 1941)

1107 / ——— | *Chrysozephyrus okamurai* Koiwaya, 2000

1113 / ——— | *Chrysozephyrus paona* (Tytler, 1915)

1112 / ——— | *Chrysozephyrus rarasanus* (Matsumura, 1939)

1105 / ——— | *Chrysozephyrus sakula* Sugiyama, 1992

1111 / 1797 | *Chrysozephyrus scintillans* (Leech, 1893)

1111 / ——— | *Chrysozephyrus shimizui* Yoshino, 1997

1099 / ——— | *Chrysozephyrus smaragdinus* (Bremer, 1861)

1112 / ——— | *Chrysozephyrus souleanus* (Riley, 1939)

1112 / ——— | *Chrysozephyrus splendidulus* Murayama & Shimonoya, 1965

1100 / ——— | *Chrysozephyrus tatsienluensis* (Murayama, 1955)

1112 / 1798 | *Chrysozephyrus tienmushanus* Shirôzu & Yamamoto, 1956

1107 / ——— | *Chrysozephyrus vittatus* (Tytler, 1915)

1111 / ——— | *Chrysozephyrus watsoni* (Evans, 1927)

1106 / ——— | *Chrysozephyrus yoshikoa* Koiwaya, 1993

1113 / ——— | *Chrysozephyrus yuchingkinus* Murayama & Shimonoya, 1965

1100 / ——— | *Chrysozephyrus yunnanensis* (Howarth, 1957)

1105 / ——— | *Chrysozephyrus zoa* (de Nicéville, 1889)

0737 / 1649 | *Cirrochroa aoris* Doubleday, 1847

0737 / 1649 | *Cirrochroa tyche* (C. & R. Felder, 1861)

1187 / ——— | *Cissatsuma albilinea* (Riley, 1939)

1187 / ——— | *Cissatsuma contexta* Johnson, 1992

1186 / ——— | *Cissatsuma pictila* (Johnson, 1992)

1187 / ——— | *Cissatsuma tuba* Johnson, 1992

1187 / ——— | *Cissatsuma zhoujingshuae* Huang & Chou, 2014

0759 / ——— | *Clossiana angarensis* (Erschoff, 1870)

0759 / ——— | *Clossiana erubescens* (Staudinger, 1901)

0759 / ——— | *Clossiana euphrosyne* (Linnaeus, 1758)

0758 / ——— | *Clossiana freija* (Thunberg, 1791)

0758 / 1660 | *Clossiana gong* (Oberthür, 1884)

0759 / 1661 | *Clossiana oscarus* (Eversmann, 1844)

0758 / ——— | *Clossiana perryi* (Butler, 1882)

0758 / ——— | *Clossiana selene* ([Schiffermüller], 1775)

0758 / 1661 | *Clossiana selenis* (Eversmann, 1837)

0759 / ——— | *Clossiana thore* (Hübner, [1803-1804])

0551 / 1584 | *Coelites nothis* Westwood, [1850]

0626 / 1615 | *Coenonympha amaryllis* (Stoll, 1782)

0627 / ——— | *Coenonympha arcania* (Linnaeus, 1761)

0627 / 1616 | *Coenonympha glycerion* (Borkhausen, 1788)

0626 / 1616 | *Coenonympha hero* (Linnaeus, 1761)

0626 / 1614 | *Coenonympha oedippus* (Fabricius, 1787)

0627 / 1617 | *Coenonympha pamphilus* (Linnaeus, 1758)

0626 / ——— | *Coenonympha semenovi* Alphéraky, 1881

0626 / 1616 | *Coenonympha sunbecca* (Eversmann, 1843)

0627 / ——— | *Coenonympha tydeus* Leech, [1892]

1306 / ——— | *Coladenia agnioides* Elwes & Edwards, 1897

1307 / ——— | *Coladenia buchananii* (de Nicéville, 1889)

1306 / ——— | *Coladenia hoenei* Evans, 1939

1307 / ——— | *Coladenia maeniata* Oberthür, 1896

1306 / ——— | *Coladenia motuoa* Huang & Li, 2006

1306 / ——— | *Coladenia sheila* Evans, 1939

1306 / ——— | *Coladenia vitrea* Leech, 1893

0314 / ——— | *Colias adelaidae* Verhulst, 1991

0305 / ——— | *Colias arida* Alphéraky, 1889

0311 / ——— | *Colias berylla* Fawcett, 1904

0314 / ——— | *Colias chrysotheme* (Esper, 1781)

0305 / ——— | *Colias cocandica* Erschoff, 1874

0305 / ——— | *Colias diva* Grum-Grshimailo, 1891

0315 / 1499 | *Colias eogene* C. & R. Felder, 1865

0299 / 1497 | *Colias erate* (Esper, 1805)

0299 / 1496 | *Colias fieldii* Ménétriés, 1855

0315 / ——— | *Colias grumi* Alphéraky, 1897

0311 / 1498 | *Colias heos* (Herbst, 1792)

0299 / ——— | *Colias hyale* (Linnaeus, 1758)

0314 / ——— | *Colias lada* Grum-Grshimailo, 1891

0314 / ——— | *Colias ladakensis* C. & R. Felder, 1865

0305 / 1498 | *Colias montium* Oberthür, 1886

0305 / ——— | *Colias nebulosa* Oberthür, 1894

0315 / ——— | *Colias nina* Fawcett, 1904

0305 / ——— | *Colias palaeno* (Linnaeus, 1761)

0299 / 1494 | *Colias poliographus* Motschulsky, 1860

0311 / ——— | *Colias sifanica* Grum-Grshimailo, 1891

0305 / ——— | *Colias staudingeri* Alphéraky, 1881

0314 / ——— | *Colias stoliczkana* Moore, 1878

0315 / ——— | *Colias tamerlana* Staudinger, 1897

0315 / 1500 | *Colias thisoa* Ménétriés, 1832

0314 / ——— | *Colias thrasibulus* Fruhstorfer, 1908

0311 / ——— | *Colias tyche* (Böber, 1812)

0314 / ——— | *Colias viluiensis* Ménétriés, 1859

0315 / ——— | *Colias wanda* Grum-Grshimailo, 1893

0311 / ——— | *Colias wiskotti* Staudinger, 1882

1053 / 1788 | *Cordelia comes* (Oberthur, 1886)

1053 / ——— | *Cordelia koizumii* Koiwaya, 1996

1051 / ——— | *Coreana raphaelis* (Oberthur, 1880)

1161 / 1816 | *Creon cleobis* (Godart, [1824])

1313 / 1906 | *Ctenoptilum vasava* (Moore, 1865)

0735 / 1648 | *Cupha erymanthis* (Drury, [1773])

1235 / ——— | *Cupido minimus* (Fruessly, 1775)

1388 / ——— | *Cupitha purreea* (Moore, 1877)

1042 / 1785 | *Curetis acuta* Moore, 1877

1042 / 1785 | *Curetis brunnea* Wileman, 1909

1042 / ——— | *Curetis bulis* (Westwood, 1852)

1042 / ——— | *Curetis saronis* Moore, 1877

0433 / ——— | *Cyllogenes janetae* de Nicéville, 1887

0433 / ——— | *Cyllogenes maculata* Chou & Qi, 1999

0934 / 1730 | *Cynitia lepidea* (Butler, 1868)

0934 / 1730 | *Cynitia whiteheadi* (Crowley, 1900)

0887 / ——— | *Cyrestis cocles* (Fabricius, 1787)

0885 / ——— | *Cyrestis nivea* (Zinken, 1831)

0887 / 1720 | *Cyrestis themire* Honrath, 1884

0885 / 1719 | *Cyrestis thyodamas* Boisduval, 1846

D >

1316 / 1907 | *Daimio tethys* (Ménétriés, 1857)

0746 / 1656 | *Damora sagana* Doubleday, [1847]

0642 / 1625 | *Danaus chrysippus* (Linnaeus, 1758)

0642 / 1624 | *Danaus genutia* (Cramer, [1779])

1321 / 1912 | *Darpa striata* (H. Druce, 1873)

0587 / 1602 | *Davidina armandi* Oberthür, 1879

0334 / ——— | *Delias acalis* (Godart, 1819)

0344 / 1515 | *Delias agostina* (Hewitson, 1852)

0339 / 1514 | *Delias belladonna* (Fabricius, 1793)

0344 / 1514 | *Delias berinda* (Moore, 1872)

0344 / 1516 | *Delias descombesi* (Boisduval, 1836)

0334 / 1512 | *Delias hyparete* (Linnaeus, 1758)

0339 / 1513 | *Delias lativitta* Leech, 1893

0344 / 1515 | *Delias partrua* Leech, 1890

0334 / 1511 | *Delias pasithoe* (Linnaeus, 1767)

0344 / ——— | *Delias sanaca* (Moore, 1858)

0339 / ——— | *Delias subnubila* Leech, 1893

0295 / 1494 | *Dercas lycorias* (Doubleday, 1842)

0295 / ——— | *Dercas nina* Mell, 1913

0295 / ——— | *Dercas verhuelli* (van der Hoeven, 1839)

1169 / 1819 | *Deudorix epijarbas* (Moore, 1857)

1169 / ——— | *Deudorix hypargyria* (Elwes, [1893])

1169 / 1820 | *Deudorix rapaloides* (Naritomi, 1941)

1171 / ——— | *Deudorix repercussa* (Leech, 1890)

1171 / ——— | *Deudorix sankakuhonis* Matsumura, 1938

1171 / ——— | *Deudorix sylvana* Oberthür, 1914

0882 / 1718 | *Dichorragia nesimachus* (Doyère, [1840])

0882 / ——— | *Dichorragia nesseus* (Grose-Smith, 1893)

0877 / 1715 | *Dilipa fenestra* (Leech, 1891)

0877 / ——— | *Dilipa morgiana* (Westwood, 1850)

1218 / ——— | *Discolampa ethion* (Westwood, 1851)

0687 / 1635 | *Discophora sondaica* Boisduval, 1836

0687 / 1635 | *Discophora timora* Westwood, [1850]

1031 / 1780 | *Dodona adonira* Hewitson, 1866

1031 / 1781 | *Dodona deodata* Hewitson, 1876

1031 / 1778 | *Dodona dipoea* Hewitson, 1866

1031 / ——— | *Dodona dracon* de Nicéville, 1897

1031 / 1777 | *Dodona durga* (Kollar, [1844])

1028 / ——— | *Dodona egeon* (Westwood, [1851])

1030 / 1776 | *Dodona eugenes* Bates, [1868]

1030 / ——— | *Dodona hoenei* Forster, 1951

1030 / ——— | *Dodona kaolinkon* Yoshino, 1999

1030 / ——— | *Dodona katerina* Monastyrskii & Devyatkin, 2000

1030 / 1774 | *Dodona maculosa* Leech, 1890

1031 / 1779 | *Dodona ouida* Hewitson, 1866

0768 / 1666 | *Doleschallia bisaltide* (Cramer, [1777])

E >

0554 / 1585 | *Elymnias hypermnestra* (Linnaeus, 1763)

0554 / ——— | *Elymnias malelas* (Hewitson, 1863)

0555 / ——— | *Elymnias nesaea* (Linnaeus, 1764)

0554 / ——— | *Elymnias patna* (Westwood, 1851)

0554 / ——— | *Elymnias vacudeva* Moore, 1857

0689 / ——— | *Enispe cycnus* Westwood, 1851

0689 / ——— | *Enispe euthymius* (Doubleday, 1845)

0689 / ——— | *Enispe lunatum* Leech, 1891

0634 / ——— | *Erebia alcmena* Grum-Grshimailo, 1891

0638 / ——— | *Erebia atramentaria* Bang-Haas, 1927

0638 / ——— | *Erebia cyclopia* Eversmann, 1864

0636 / ——— | *Erebia edda* Ménétriés, 1851

0636 / ——— | *Erebia embla* (Thunberg, 1791)

0636 / ——— | *Erebia kalmuka* Alphéraky, 1881

0634 / 1619 | *Erebia ligea* (Linnaeus, 1758)

0636 / ——— | *Erebia medusa* (Denis & Schiffermüller, 1775)

0634 / ——— | *Erebia neriene* (Böber, 1809)

0636 / 1621 | *Erebia sibo* (Alphéraky, 1881)

0636 / 1620 | *Erebia theano* (Tauscher, 1806)

0638 / ——— | *Erebia tristior* Goltz, 1937

0636 / 1621 | *Erebia turanica* Erschoff, [1877]

0638 / ——— | *Erebia wanga* Bremer, 1864

1390 / ——— | *Erionota acroleuca* (Wood-Mason & de Nicéville, 1881)

1390 / ——— | *Erionota grandis* (Leech, 1890)

1390 / 1939 | *Erionota torus* Evans, 1941

1332 / 1916 | *Erynnis montanus* (Bremer, 1861)

1332 / 1915 | *Erynnis pelias* Leech, 1891

1332 / ——— | *Erynnis popoviana* Nordmann, 1851

1091 / ——— | *Esakiozephyrus icana* (Moore, 1874)

1091 / ——— | *Esakiozephyrus zotelistes* (Oberthür, 1914)

0552 / ——— | *Ethope henrici* (Holland, 1887)

0552 / ——— | *Ethope himachala* (Moore, 1857)

0552 / ——— | *Ethope noirei* Janet, 1896

1071 / ——— | *Euaspa forsteri* (Esaki & Shirôzu, 1943)

1070 / 1794 | *Euaspa milionia* (Hewitson, [1869])

1071 / ——— | *Euaspa tayal* (Esaki & Shirôzu, 1943)

1071 / ——— | *Euaspa uedai* Koiwaya, 2014

1071 / ——— | *Euaspa wuyishana* Koiwaya, 1996

0427 / ——— | *Euchloë ausonia* (Hübner, [1803])

1229 / 1863 | *Euchrysops cnejus* (Fabricius, 1798)

0619 / 1613 | *Eugrumia herse* Grum-Grshimailo, 1891

0854 / ——— | *Eulaceura osteria* (Westwood, 1850)

1264 / ——— | *Eumedonia eumedon* (Esper, [1780])

0580 / 1599 | *Eumenis autonoe* (Esper, 1783)

0810 / ——— | *Euphydryas aurinia* (Rottemburg, 1775)

0810 / ——— | *Euphydryas ichnea* Boisduval, 1833

0810 / ——— | *Euphydryas maturna* Linnaeus, 1758

0810 / 1688 | *Euphydryas sibirica* Staudinger, 1871

0810 / ——— | *Euphydryasca asiati* Staudinger, 1881

0667 / ——— | *Euploea core* (Cramer, [1780])

0667 / ——— | *Euploea eunice* (Godart, 1819)

0673 / ——— | *Euploea klugii* Moore, [1858]

0667 / 1631 | *Euploea midamus* (Linnaeus, 1758)

0673 / 1632 | *Euploea mulciber* (Cramer, [1777])

0673 / ——— | *Euploea radamantha* (Fabricius, 1793)

0673 / 1633 | *Euploea sylvester* (Fabricius, 1793)

0673 / 1633 | *Euploea tulliolus* (Fabricius, 1793)

0320 / ——— | *Eurema ada* (Distant & Pryer, 1887)

0320 / ——— | *Eurema alitha* (C. & R. Felder, 1862)

0320 / 1505 | *Eurema andersoni* (Moore, 1886)

0320 / 1504 | *Eurema blanda* (Boisduval, 1836)

0319 / 1501 | *Eurema brigitta* (Stoll, [1780])

0319 / 1502 | *Eurema hecabe* (Linnaeus, 1758)

0319 / 1501 | *Eurema laeta* (Boisduval, 1836)

0320 / 1503 | *Eurema mandarina* (de l'Orza, 1869)

0868 / ——— | *Euripus consimilis* (Westwood, 1850)

0868 / 1710 | *Euripus nyctelius* (Doubleday, 1845)

0897 / ——— | *Euthalia aconthea* (Cramer, 1777)

0897 / ——— | *Euthalia alpheda* (Godart, 1824)

0902 / ——— | *Euthalia anosia* (Moore, 1857)

0896 / ——— | *Euthalia apex* Tsukada, 1991

0930 / ——— | *Euthalia aristides* Oberthür, 1907

0921 / ——— | *Euthalia bunzoi* Sugiyama, 1996

0905 / ——— | *Euthalia confucius* (Westwood, 1850)

0921 / ——— | *Euthalia dubernardi* Oberthür, 1907

0905 / ——— | *Euthalia durga* (Moore, 1857)

0897 / ——— | *Euthalia eriphylae* de Nicéville, 1891

0902 / ——— | *Euthalia evelina* Stoll, 1790

0930 / 1729 | *Euthalia formosana* Fruhstorfer, 1908

0905 / 1726 | *Euthalia franciae* (Gray, 1846)

0911 / ——— | *Euthalia guangdongensis* Wu, 1994

0910 / ——— | *Euthalia Hebe* Leech, 1891

0926 / ——— | *Euthalia hoa* Monastyrskii, 2005

0930 / 1729 | *Euthalia insulae* Hall, 1930

0896 / 1724 | *Euthalia irrubescens* Grose-Smith, 1893

0905 / ——— | *Euthalia iva* (Moore, 1857)

0930 / ——— | *Euthalia kameii* Koiwaya, 1996

0910 / 1726 | *Euthalia kardama* (Moore, 1859)

0921 / ——— | *Euthalia khama* Alphéraky, 1895

0910 / ——— | *Euthalia kosempona* Fruhstorfer, 1908

0905 / ——— | *Euthalia lipingensis* Mell, 1935
0896 / ——— | *Euthalia lubentina* (Cramer, 1777)
0921 / ——— | *Euthalia malapana* Shirozu & Chung, 1958
0897 / ——— | *Euthalia monina* (Fabricius, 1787)
0911 / ——— | *Euthalia nara* (Moore, 1859)
0911 / 1727 | *Euthalia omeia* Leech, 1891
0911 / ——— | *Euthalia pacifica* Mell, 1935
0905 / ——— | *Euthalia patala* (Kollar, 1844)
0896 / 1725 | *Euthalia phemius* (Doubleday, 1848)
0921 / 1727 | *Euthalia pratti* Leech, 1891
0910 / ——— | *Euthalia pyrrha* Leech, 1892
0926 / ——— | *Euthalia rickettsi* Hall, 1930
0910 / ——— | *Euthalia sahadeva* Moore, 1859
0930 / ——— | *Euthalia sakota* Fruhstorfer, 1913
0926 / 1728 | *Euthalia staudingeri* Leech, 1891
0921 / 1728 | *Euthalia strephon* Grose-Smith, 1893
0902 / ——— | *Euthalia teuta* (Doubleday, [1848])
0926 / ——— | *Euthalia thibetana* Poujade, 1885
0902 / ——— | *Euthalia yao* Yoshino, 1997
0926 / ——— | *Euthalia yasuyukii* Yoshino, 1998
1235 / 1866 | *Everes argiades* (Pallas, 1771)
1235 / ——— | *Everes lacturnus* (Godart, [1824])

F >

0754 / 1659 | *Fabriciana adippe* (Schiffermüller, 1775)
0754 / ——— | *Fabriciana nerippe* (C. & R. Felder, 1862)
0752 / 1659 | *Fabriciana niobe* (Linnaeus, 1758)
0754 / 1659 | *Fabriciana xipe* (Leech, 1892)
1234 / ——— | *Famegana alsulus* (Herrich-Schäffer, 1869)
0721 / 1642 | *Faunis aerope* (Leech, 1890)
0721 / 1641 | *Faunis canens* Hübner, 1826
0721 / 1641 | *Faunis eumeus* (Drury, 1773)
1122 / ——— | *Favonius cognatus* (Staudinger, 1887)
1122 / 1801 | *Favonius korshunovi* (Dubatolov & Sergeev, 1982)
1121 / ——— | *Favonius leechi* (Riley, 1939)
1121 / 1800 | *Favonius orientalis* (Murray, 1874)
1126 / ——— | *Favonius saphirius* (Staudinger, 1887)
1121 / 1800 | *Favonius taxila* (Bremer, 1861)
1122 / ——— | *Favonius ultramarinus* (Fixsen, 1887)
1134 / ——— | *Flos areste* (Hewitson, 1862)
1134 / ——— | *Flos asoka* (de Nicéville, 1883)
1134 / ——— | *Flos chinensis* (C. & R. Felder, [1865])

1265 / 1889 | *Freyeria putli* (Kollar, [1844])

1085 / ——— | *Fujiokaozephyrus camurius* (Murayama, 1986)

1085 / ——— | *Fujiokaozephyrus tsangkie* (Oberthür, 1886)

G >

0321 / ——— | *Gandaca harina* (Horsfield, [1892])

1390 / ——— | *Gangara thyrisis* (Fabricius, 1775)

1316 / 1908 | *Gerosis phisara* (Moore, 1884)

1316 / 1908 | *Gerosis sinica* (C. & R. Felder, 1862)

1257 / 1883 | *Glaucopsyche lycormas* Butler, 1886

0327 / 1509 | *Goneperyx amintha* Blanchard, 1871

0326 / 1507 | *Gonepteryx aspasia* Ménétriès, 1859

0326 / ——— | *Gonepteryx mahaguru* (Gistel,1857)

0326 / ——— | *Gonepteryx maxima* Butler, 1885

0327 / 1508 | *Gonepteryx rhamni* (Linnaeus, 1758)

0326 / 1508 | *Gonepteryx taiwana* Paravicini, 1913

1052 / ——— | *Gonerilia buddha* Sugiyama, 1992

1052 / ——— | *Gonerilia okamurai* Koiwaya, 1996

1052 / ——— | *Gonerilia seraphim* (Oberthur, 1886)

1052 / ——— | *Gonerilia thespis* (Leech, 1890)

0190 / 1470 | *Graphium agamemnon* (Linnaeus, 1758)

0190 / 1468 | *Graphium chironides* (Honrath, 1884)

0182 / 1466 | *Graphium cloanthus* (Westwood, 1845)

0190 / 1469 | *Graphium doson* (C. & R. Felder, 1864)

0190 / 1469 | *Graphium eurypylus* (Linnaeus, 1758)

0190 / ——— | *Graphium evemon* (Boisduval, 1836)

0182 / ——— | *Graphium leechi* (Rothschild, 1895)

0182 / 1467 | *Graphium sarpedon* (Linnaeus, 1758)

H >

1366 / ——— | *Halpe concavimarginata* Yuan, Wang & Yuan, 2007

1366 / 1932 | *Halpe gamma* Evans, 1937

1368 / ——— | *Halpe handa* Evans, 1949

1368 / ——— | *Halpe knyvetti* Elwes & Edwards, 1897

1368 / ——— | *Halpe kumara* de Nicéville, 1885

1366 / 1932 | *Halpe nephele* Leech, 1893

1368 / ——— | *Halpe paupera* Devyatkin, 2002

1368 / ——— | *Halpe porus* (Mabille, 1877)

1279 / 1894 | *Hasora anurade* Nicéville, 1889

1279 / 1895 | *Hasora badra* (Moore, [1858])

1279 / 1895 | *Hasora chromus* (Cramer, [1780])

1282 / 1896 | *Hasora mixta* (Mabille, 1876)

1282 / ——— | *Hasora schoenherr* (Latreille, [1824])

1282 / 1896 | *Hasora taminatus* (Hübner, 1818)

1282 / 1896 | *Hasora vitta* (Butler, 1870)

1078 / ——— | *Hayashikeia courvoisieri* (Oberthür, 1908)

1079 / ——— | *Hayashikeia florianii* (Bozano, 1996)

1079 / ——— | *Hayashikeia sugiyamai* (Koiwaya, 2002)

0422 / 1542 | *Hebomoia glaucippe* (Linnaeus, 1758)

0856 / ——— | *Helcyra heminea* Hewitson, 1864

0856 / 1707 | *Helcyra plesseni* (Fruhstorfer, 1913)

0856 / 1707 | *Helcyra subalba* (Poujade, 1885)

0856 / 1706 | *Helcyra superba* Leech, 1890

1210 / 1843 | *Heliophorus androcles* (Westwood, [1851])

1210 / 1841 | *Heliophorus brahma* (Moore, [1858])

1210 / 1840 | *Heliophorus delacouri* Eliot, 1963

1210 / ——— | *Heliophorus epicles* (Godart, [1824])

1211 / 1845 | *Heliophorus eventa* Fruhstorfer, 1918

1211 / 1844 | *Heliophorus gloria* Huang, 1999

1209 / 1840 | *Heliophorus ila* (de Nicéville & Martin, [1896])

1211 / 1844 | *Heliophorus moorei* (Hewitson, 1865)

1210 / 1842 | *Heliophorus saphir* (Blanchard, [1871])

1210 / ——— | *Heliophorus saphiroides* Murayama, 1992

1211 / 1847 | *Heliophorus tamu* (Kollar, [1844])

1211 / 1847 | *Heliophorus yunnani* D'Abrera, 1993

1200 / ——— | *Helleia helle* ([Schiffermüller], 1775)

1200 / 1833 | *Helleia li* (Oberthür, 1886)

0616 / ——— | *Hemadara delavayi* (Oberthür, 1891)

0616 / ——— | *Hemadara minorata* Goltz, 1939

0617 / ——— | *Hemadara narasingha* Moore, 1857

0616 / ——— | *Hemadara ruricola* (Leech, 1890)

0616 / ——— | *Hemadara rurigena* Leech, 1890

0616 / ——— | *Hemadara seitzi* (Goltz, 1939)

1205 / ——— | *Heodes alciphron* (Rottemburg, 1775)

1205 / ——— | *Heodes ouang* (Oberthür, 1891)

1204 / ——— | *Heodes virgaureae* (Linnaeus, 1758)

0854 / 1705 | *Herona marathus* Doubleday, [1848]

1395 / ——— | *Hesperia comma* (Linnaeus, 1758)

1395 / 1940 | *Hesperia florinda* (Butler, 1878)

0871 / 1711 | *Hestina assimilis* (Linnaeus, 1758)

0871 / 1713 | *Hestina nama* (Doubleday, 1844)

0871 / 1712 | *Hestina persimilis* (Westwood, [1850])

1339 / 1920 | *Heteropterus morpheus* (Pallas, 1771)

1145 / ——— | *Horaga albimacula* (Wood-Mason & de Nicéville, 1881)

1145 / 1811 | *Horaga onyx* (Moore, [1858])

1145 / 1811 | *Horaga rarasana* Sonan, 1936

1077 / ——— | *Howarthia caelestis* (Leech, 1890)

1078 / ——— | *Howarthia hishikawai* Koiwaya, 2000

1072 / ——— | *Howarthia melli* (Forster, 1940)

1077 / ——— | *Howarthia nigricans* (Leech, 1893)

1077 / ——— | *Howarthia sakakibarai* Koiwaya, 2002

1077 / ——— | *Howarthia wakaharai* Koiwaya, 2000

1383 / ——— | *Hyarotis adrastus* (Stoll, [1780])

1383 / ——— | *Hyarotis quinquepunctatus* Fan & Chiba, 2008.

0777 / ——— | *Hypolimnas anomala* (Wallace, 1869)

0777 / 1668 | *Hypolimnas bolina* (Linnaeus, 1758)

0777 / 1667 | *Hypolimnas missipus* (Linnaeus, 1764)

1166 / ——— | *Hypolycaena erylus* (Godart, [1824])

0567 / 1591 | *Hyponephele dysdora* (Lederer, 1869)

0567 / 1592 | *Hyponephele lupina* (Costa, 1836)

0567 / ——— | *Hyponephele lycaon* (Rottemberg, 1775)

0567 / 1593 | *Hyponephele naricina* Staudinger, 1870

0567 / 1593 | *Hyponephele naubidensis* (Erschoff, 1874)

0567 / ——— | *Hyponephele sifanica* Grum-Grshimailo, 1891

/ >

1379 / 1938 | *Iambrix salsala* (Moore, 1865)

0664 / 1631 | *Idea leuconoe* Erichson, 1834

0661 / 1630 | *Ideopsis similis* (Linnaeus, 1758)

0661 / ——— | *Ideopsis vulgaris* (Butler, 1874)

1380 / ——— | *Idmon bicolorum* Fan, Wang & Zeng, 2007

1380 / ——— | *Idmon fujiananus* (Chou & Huang, 1994)

1380 / ——— | *Idmon sinica* (Huang, 1997)

0784 / 1670 | *Inachis io* (Linnaeus, 1758)

1225 / ——— | *Ionolyce helicon* (Felder, 1860)

0222 / ——— | *Iphiclides podalirinus* (Oberthür, 1890)

0222 / 1476 | *Iphiclides podalirius* (Linnaeus, 1758)

1138 / 1808 | *Iraota timoleon* (Stoll, 1790)

1094 / 1796 | *Iratsume orsedice* (Butler, [1882])

1371 / 1933 | *Isoteinon lamprospilus* C. & R. Felder, 1862

0765 / ——— | *Issoria eugenia* (Eversmann, 1847)

0765 / ——— | *Issoria gemmata* (Butler, 1881)

0765 / 1662 | *Issoria lathonia* (Linnaeus, 1758)

1087 / ——— | *Iwaseozephyrus ackeryi* Fujioka, 1994

1087 / ——— | *Iwaseozephyrus bieti* (Oberthür, 1886)

1087 / ——— | *Iwaseozephyrus longicaudatus* Huang, 2001

1087 / 1795 | *Iwaseozephyrus mandara* (Doherty, 1886)
0331 / 1510 | *Ixias pyrene* (Linnaeus, 1764)

J >

1226 / 1859 | *Jamides alecto* (Felder, 1860)
1226 / 1858 | *Jamides bochus* (Stoll, [1782])
1228 / 1860 | *Jamides celeno* (Cramer, [1775])
1061 / ——— | *Japonica bella* Hsu, 1997
1054 / 1789 | *Japonica lutea* (Hewitson, [1865])
1061 / 1790 | *Japonica patungkaonui* Murayama, 1956
1061 / 1791 | *Japonica saepestriata* (Hewitson, 1956)
0796 / 1676 | *Junonia almana* (Linnaeus, 1758)
0799 / 1679 | *Junonia atlites* (Linnaeus, 1763)
0799 / 1678 | *Junonia hierta* (Fabricius, 1798)
0799 / 1680 | *Junonia iphita* (Cramer, [1779])
0799 / 1679 | *Junonia lemonias* (Linnaeus, 1758)
0796 / 1677 | *Junonia orithya* (Linnaeus, 1758)

K >

0767 / 1665 | *Kallima alicia* Joicey & Talbot, 1921
0767 / 1663 | *Kallima inachus* (Doyère, 1840)
0767 / 1664 | *Kallima knyetti* de Nicéville, 1886
1092 / ——— | *Kameiozephyrus neis* (Oberthür, 1914)
0788 / 1671 | *Kaniska canace* (Linnaeus, 1763)
0576 / ——— | *Karanasa latifasciata* (Grum-Grshimailo, 1902)
0576 / ——— | *Karanasa leechi* (Grum-Grshimailo, 1890)
0576 / 1598 | *Karanasa regeli* (Alphéraky, 1881)
0531 / 1576 | *Kirinia epaminondas* (Staudinger, 1887)
0531 / ——— | *Kirinia epimenides* (Ménétriés, 1859)
1373 / 1934 | *Koruthaialos sindu* (Felder & Felder, 1860)

L >

1229 / 1862 | *Lampides boeticus* Linnaeus, 1767
0178 / 1465 | *Lamproptera curius* (Fabricius, 1787)
0178 / 1464 | *Lamproptera meges* (Zinken, 1831)
0178 / ——— | *Lamproptera paracurius* Hu, Zhang & Cotton, 2014
0889 / ——— | *Laringa horsfieldii* (Boisduval, 1833)
0525 / 1575 | *Lasiommata deidamia* (Eversmann, 1851)
0525 / ——— | *Lasiommata eversmanni* (Eversmann, 1847)
0526 / ——— | *Lasiommata kasumi* Yoshino, 1995
0526 / 1575 | *Lasiommata maera* (Linnaeus, 1758)
0525 / 1574 | *Lasiommata majuscula* (Leech, [1892])

0525 / ——— | *Lasiommata minuscula* (Oberthür, 1923)

1015 / ——— | *Lasippa viraja* (Moore, 1872)

0978 / ——— | *Lebadea martha* (Fabricius, 1787)

0878 / 1716 | *Lelecella limenitoides* (Oberthür, 1890)

1340 / ——— | *Leptalina unicolor* (Bremer & Grey, 1852)

0430 / ——— | *Leptidea amurensis* (Ménétriés, 1859)

0430 / ——— | *Leptidea gigantean* (Leech, 1890)

0430 / ——— | *Leptidea morsei* Fenton, 1881

0430 / ——— | *Leptidea serrata* Lee, 1955

0430 / ——— | *Leptidea sinapis* (Linnaeus, 1758)

0417 / 1541 | *Leptosia nina* (Fabricius, 1793)

1245 / ——— | *Lestranicus transpectus* (Moore, 1879)

0441 / ——— | *Lethe albolineata* Poujade, 1884

0441 / 1549 | *Lethe andersoni* (Atkinson, 1871)

0445 / ——— | *Lethe argentata* (Leech, 1891)

0447 / ——— | *Lethe armandina* (Oberthür, 1881)

0452 / ——— | *Lethe baileyi* South, 1913

0445 / ——— | *Lethe baladeva* (Moore, [1866])

0468 / ——— | *Lethe baucis* Leech, 1891

0465 / ——— | *Lethe berdievi* Alexander, 2005

0465 / 1554 | *Lethe bhairava* (Moore, 1857)

0468 / ——— | *Lethe brisanda* de Niceville, 1886

0476 / 1561 | *Lethe butleri* Leech, 1889

0487 / ——— | *Lethe camilla* Leech, 1891

0477 / 1563 | *Lethe chandica* Moore, [1858]

0465 / 1554 | *Lethe christophi* Leech, 1891

0472 / 1556 | *Lethe confusa* Aurivillius, 1897

0488 / ——— | *Lethe cybele* Leech, 1894

0457 / ——— | *Lethe cyrene* Leech, 1890

0468 / ——— | *Lethe diana* (Butler, 1866)

0477 / ——— | *Lethe distans* Butler, 1870

0441 / 1548 | *Lethe dura* (Marshall, 1882)

0448 / ——— | *Lethe elwesi* (Moore, 1892)

0476 / 1559 | *Lethe europa* (Fabricius, 1775)

0457 / 1551 | *Lethe gemina* Leech, 1891

0453 / 1550 | *Lethe goalpara* (Moore, [1866])

0484 / ——— | *Lethe gracilis* (Oberthür, 1886)

0447 / 1550 | *Lethe gregoryi* Watkins, 1927

0461 / ——— | *Lethe guansia* Sugiyama, 1999

0484 / ——— | *Lethe hecate* Leech, 1891

0461 / 1553 | *Lethe helena* Leech, 1891

0447 / ——— | *Lethe helle* (Leech, 1891)

0468 / 1555 | *Lethe hyrania* (Kollar, 1844)

0448 / ——— | *Lethe jalaurida* (de Nicéville, 1881)

0488 / ——— | *Lethe kanjupkula* Tytler, 1914

0472 / ——— | *Lethe kansa* (Moore, 1857)

0453 / ——— | *Lethe labyrinthea* Leech, 1890

0461 / 1552 | *Lethe lanaris* Butler, 1877

0465 / ——— | *Lethe laodamia* Leech, 1891

0461 / ——— | *Lethe latiaris* (Hewitson, 1862)

0453 / ——— | *Lethe leei* (Zhao & Wang, 2000)

0452 / 1550 | *Lethe lisuae* Huang, 2002

0452 / ——— | *Lethe liyufeii* Huang, 2014

0452 / ——— | *Lethe luojiani* Lang & Wang, 2016

0447 / ——— | *Lethe luteofascia* Poujade, 1884

0492 / 1566 | *Lethe maitrya* de Nicéville, 1881

0457 / ——— | *Lethe manzora* (Poujade, 1884)

0487 / ——— | *Lethe margaritae* Elwes, 1882

0468 / 1555 | *Lethe marginalis* Moschulsky, 1860

0476 / 1560 | *Lethe mataja* Fruhstorfer, 1908

0477 / ——— | *Lethe mekara* Moore, [1858]

0477 / ——— | *Lethe minerva* (Fabricius, 1775)

0448 / ——— | *Lethe moelleri* (Elwes, 1887)

0457 / ——— | *Lethe moolifera* Oberthür, 1923

0452 / ——— | *Lethe neofasciata* Lee, 1985

0492 / 1565 | *Lethe nicetas* (Hewitson, [1863])

0487 / ——— | *Lethe nicetella* de Nicéville, 1887

0452 / ——— | *Lethe nigrifascia* Leech, 1890

0487 / ——— | *Lethe niitakana* (Mastumura, 1906)

0453 / ——— | *Lethe ocellata* Pouade, 1885

0477 / ——— | *Lethe oculatissima* (Poujade, 1885)

0447 / ——— | *Lethe paraprocne* Lang & Liu, 2014

0487 / ——— | *Lethe privigna* Leech, [1892-1894]

0447 / ——— | *Lethe procne* (Leech, 1891)

0484 / ——— | *Lethe proxima* Leech, [1892]

0445 / 1550 | *Lethe ramadeva* (de Nicéville, 1887)

0476 / 1560 | *Lethe rohria* Fabricius, 1787

0476 / 1562 | *Lethe satyrina* Bulter, 1871

0461 / ——— | *Lethe serbonis* (Hewtison, 1876)

0448 / ——— | *Lethe shirozui* (Sugiyama, 1997)

0461 / ——— | *Lethe sicelides* Grose-Smith, 1893

0492 / 1565 | *Lethe siderea* Marshall, [1881]

0488 / 1564 | *Lethe sidonis* (Hewitson, 1863)

0472 / 1558 | *Lethe sinorix* (Hewitson, [1863])

0457 / ——— | *Lethe sisii* Lang & Monastyrskii, 2016

0441 / ——— | *Lethe sura* (Doubleday, [1849])

0457 / 1551 | *Lethe syrcis* Hewitson, 1863

0487 / ——— | *Lethe tengchongensis* Lang, 2016

0465 / ——— | *Lethe titania* Leech, 1891

0484 / ——— | *Lethe trimacula* Leech, 1890

0448 / ——— | *Lethe uemurai* (Sugiyama, 1994)

0484 / ——— | *Lethe umedai* Koiwaya, 1998

0472 / 1557 | *Lethe verma* (Kollar, [1844])

0476 / 1558 | *Lethe vindhya* (C. & R. Felder, 1859)

0488 / 1564 | *Lethe violaceopicta* (Poujade, 1884)

0453 / ——— | *Lethe yantra* Fruhstorfer, 1914

0453 / ——— | *Lethe yoshikoae* (Koiwaya, 2011)

0445 / ——— | *Lethe yunnana* D'Abrera, 1990

1069 / 1794 | *Leucantigius atayalicus* (Shirôzu & Murayama, 1943)

0940 / 1733 | *Lexias cyanipardus* (Butler, [1869])

0940 / ——— | *Lexias dirtea* (Fabricius, 1793)

0940 / 1732 | *Lexias pardalis* (Moore, 1878)

0640 / ——— | *Libythea geoffroyi* Godart, [1824]

0640 / 1622 | *Libythea lepita* Moore, [1858]

0640 / 1623 | *Libythea myrrha* Godart, 1819

0950 / 1737 | *Limenitis amphyssa* Ménétriés, 1859

0949 / ——— | *Limenitis ciocolatina* Poujade, 1885

0950 / ——— | *Limenitis cleophas* Oberthür, 1893

0953 / ——— | *Limenitis disjucta* (Leech, 1890)

0953 / 1739 | *Limenitis doerriesi* Staudinger, 1892

0953 / 1738 | *Limenitis helmanni* Lederer, 1853

0953 / ——— | *Limenitis homeyeri* Tancré, 1881

0953 / ——— | *Limenitis misuji* Sugiyama, 1994

0950 / 1737 | *Limenitis moltrechti* Kardakov, 1928

0949 / 1736 | *Limenitis populi* (Linnaeus, 1758)

0953 / 1739 | *Limenitis sulpitia* (Cramer, 1779)

0949 / 1736 | *Limenitis sydyi* Lederer, 1853

0971 / 1749 | *Litinga cottini* (Oberthür, 1884)

0971 / ——— | *Litinga mimica* (Poujade, 1885)

0971 / ——— | *Litinga rileyi* Tytler, 1940

1294 / 1899 | *Lobocla bifasciata* (Bremer & Grey, 1853)

1294 / ——— | *Lobocla germana* (Oberthür, 1886)

1294 / ——— | *Lobocla liliana* (Atkinson, 1871)

1294 / ——— | *Lobocla nepos* (Oberthür, 1886)

1294 / ——— | *Lobocla proxima* (Leech, 1891)

1294 / ——— | *Lobocla simplex* (Leech, 1891)

0524 / 1573 | *Lopinga achine* (Scopoli, 1763)

0524 / ——— | *Lopinga catena* Leech, 1890

0524 / ——— | *Lopinga dumetora* (Oberthür, 1886)

0524 / ——— | *Lopinga gerdae* Nordström, 1939

0524 / ——— | *Lopinga nemorum* (Oberthür, 1890)

0072 / ——— | *Losaria coon* (Fabricius, 1793)

1387 / ——— | *Lotongus saralus* (de Nicéville, 1889)

0611 / ——— | *Loxerebia albipuncta* (Leech, 1890)

0611 / ——— | *Loxerebia carola* (Oberthür, 1893)

0613 / ——— | *Loxerebia loczyi* (Frivaldsky, 1885)

0613 / 1612 | *Loxerebia megalops* (Alphéraky, 1895)

0613 / ——— | *Loxerebia phyllis* (Leech, 1891)

0611 / 1611 | *Loxerebia pratorum* (Oberthür, 1886)

0611 / 1610 | *Loxerebia saxicola* (Oberthür, 1876)

0613 / ——— | *Loxerebia sylvicola* (Oberthür, 1886)

0613 / ——— | *Loxerebia yphtimoides* (Oberthür, 1891)

1143 / 1809 | *Loxura atymnus* (Stoll, 1780)

0237 / 1479 | *Luehdorfia chinensis* Leech, 1893

0237 / ——— | *Luehdorfia longicaudata* Lee, 1981

0237 / ——— | *Luehdorfia puziloi* (Erschoff, 1872)

1268 / 1890 | *Lycaeides argyrognomon* (Bergsträsser, [1779])

1268 / ——— | *Lycaeides subsolanus* Eversmann, 1851

1201 / 1834 | *Lycaena phlaeas* (Linnaeus, 1761)

0619 / ——— | *Lyela myops* (Staudinger, 1881)

M >

1252 / ——— | *Maculinea alcon* ([Denis & Schiffermüller], 1775)

1252 / ——— | *Maculinea arion* (Linnaeus, 1758)

1251 / ——— | *Maculinea arionides* (Staudinger, 1887)

1252 / 1880 | *Maculinea cyanecula* (Eversmann, 1848)

1252 / ——— | *Maculinea kurentzovi* Sibatani, Saigusa & Hirowatari, 1994

1252 / 1881 | *Maculinea teleia* (Bergsträsser, [1779])

1137 / 1806 | *Mahathala ameria* Hewitson, 1862

0512 / 1570 | *Mandarinia regalis* (Leech, 1889)

0512 / ——— | *Mandarinia uemurai* Sugiyama, 1993

1156 / ——— | *Maneca bhotea* (Moore, 1884)

1393 / 1940 | *Matapa aria* (Moore, 1865)

1393 / ——— | *Matapa cresta* Evans, 1949

1393 / ——— | *Matapa druna* (Moore, 1865)

1393 / ——— | *Matapa pseudodruna* Fan, Chiba & Wang, 2014

1393 / ——— | *Matapa sasivarna* (Moore, 1865)

0224 / ——— | *Meandrusa lachinus* (Fruhstorfer, [1902])

0224 / 1477 | *Meandrusa payeni* (Boisduval, 1836)

0224 / 1477 | *Meandrusa sciron* (Leech, 1890)

1249 / 1879 | *Megisba malaya* (Horsfield, [1828])

0562 / 1590 | *Melanargia asiatica* Oberthür & Houlbert, 1922

0561 / 1588 | *Melanargia epimede* (Staudinger, 1887)

0561 / 1587 | *Melanargia ganymedes* (Heyne, 1895)

0561 / ——— | *Melanargia halimede* (Ménétriés, 1859)

0561 / ——— | *Melanargia leda* Leech, 1891

0561 / 1589 | *Melanargia lugens* (Honrather, 1888)

0562 / ——— | *Melanargia meridionalis* (Felder C. & R. , 1862)

0562 / ——— | *Melanargia Montana* (Leech, 1890)

0562 / 1590 | *Melanargia russiae* (Esper, [1783])

0432 / 1546 | *Melanitis leda* (Linnaeus, 1758)

0432 / 1547 | *Melanitis phedima* (Cramer, [1780])

0432 / ——— | *Melanitis zitenius* (Herbst, 1796)

0819 / ——— | *Melitaea agar* Oberthür, 1888

0817 / ——— | *Melitaea arcesia* Bremer, 1861

0817 / ——— | *Melitaea arduinna* (Esper, 1784)

0819 / 1692 | *Melitaea cinxia* (Linnaeus, 1758)

0817 / 1691 | *Melitaea diamina* (Lang, 1789)

0813 / 1688 | *Melitaea didyma* (Esper, 1778)

0813 / 1690 | *Melitaea didymoides* Eversmann, 1847

0819 / 1693 | *Melitaea jezabel* Oberthür, 1888

0814 / ——— | *Melitaea leechi* (Alphéraky, 1895)

0813 / ——— | *Melitaea phoebe* Denis & Schiffermüller, 1775

0817 / ——— | *Melitaea protomedia* Ménétriés, 1859

0819 / 1692 | *Melitaea romanovi* Grum-Grshimailo, 1891

0813 / 1690 | *Melitaea scotosia* Butler, 1878

0814 / ——— | *Melitaea sindura* Moore, 1865

0817 / ——— | *Melitaea sutschana* Staudinger, 1892

0813 / 1689 | *Melitaea yuenty* Oberthür, 1888

0812 / ——— | *Mellicta ambigua* Ménétriés, 1859

0812 / ——— | *Mellicta britomartis* Assmann, 1847

0812 / ——— | *Mellicta rebeli* Wnukowsky, 1929

0416 / 1540 | *Mesapia peloria* (Hewitson, 1853)

1037 / 1783 | *Miletus chinensis* C. Felder, 1862

1037 / ——— | *Miletus mallus* (Fruhstorfer, 1913)

0848 / 1703 | *Mimathyma ambica* (Kollar, [1844])

0848 / 1701 | *Mimathyma chevana* (Moore, [1866])

0848 / 1702 | *Mimathyma nycteis* (Ménétriés, 1858)

0848 / 1704 | *Mimathyma schrenckii* (Ménétriés, 1859)

0571 / 1595 | *Minois dryas* (Scopoli, 1763)

0571 / 1597 | *Minois nagasawae* Matsumura, 1906

0571 / 1597 | *Minois paupera* (Alphéraky, 1888)

0978 / 1752 | *Moduza procris* (Cramer, [1777])

1251 / ——— | *Monodontides musina* (Snellen, 1892)

1311 / 1905 | *Mooreana trichoneura* (C. & R. Felder, 1860)

1334 / 1919 | *Muschampia cribrellum* (Eversman, 1841)

1334 / ——— | *Muschampia gigas* (Bremer, 1864)

1334 / 1918 | *Muschampia tessellum* (Hübner, 1803)

0534 / 1581 | *Mycalesis anaxias* Hewitson, 1862

0534 / ——— | *Mycalesis francisca* (Stoll, [1780])

0534 / 1580 | *Mycalesis gotama* Moore, 1857

0533 / ——— | *Mycalesis intermedia* (Moore, [1892])

0534 / ——— | *Mycalesis malsara* (Stoll, [1780])

0540 / ——— | *Mycalesis mestra* Hewitson, 1862

0533 / 1577 | *Mycalesis mineus* (Linnaeus, 1758)

0540 / ——— | *Mycalesis misenus* de Nicéville, 1889

0534 / 1579 | *Mycalesis mucianus* Fruhstorfer, 1908

0533 / ——— | *Mycalesis perseoides* (Moore, [1892])

0533 / 1578 | *Mycalesis perseus* (Fabricius, 1775)

0534 / 1579 | *Mycalesis sangaica* Butler, 1877

0540 / ——— | *Mycalesis suavolens* Wood-Mason & de Nicéville, 1883

0540 / ——— | *Mycalesis unica* Leech, [1892]

N >

1220 / ——— | *Nacaduba berenice* (Herrich-Schäffer, 1869)

1220 / ——— | *Nacaduba beroe* (C. & R. Felder, [1865])

1221 / ——— | *Nacaduba hermus* (C. Felder, 1860)

1220 / 1855 | *Nacaduba kurava* (Moore, [1858])

1220 / ——— | *Nacaduba pactolus* (C. Felder, 1860)

1199 / 1832 | *Neolycaena davidi* (Oberthür, 1881)

1199 / ——— | *Neolycaena iliensis* (Grum-Grshimailo, 1891)

1199 / ——— | *Neolycaena rhymnus* (Eversmann, 1832)

1200 / ——— | *Neolycaena tangutica* (Grum-Grshimailo, 1891)

0500 / 1568 | *Neope agrestis* (Oberthür, 1876)

0494 / 1566 | *Neope armandii* (Oberthür, 1876)

0494 / ——— | *Neope bhadra* (Moore, 1857)

0494 / 1567 | *Neope bremeri* (C. & R. Felder, 1862)

0500 / ——— | *Neope christi* (Oberthür, 1886)

0501 / 1569 | *Neope contrasta* Mell, 1923

0501 / ——— | *Neope dejeani* Oberthür, 1894

0501 / 1568 | *Neope muirheadii* (C. & R. Felder, 1862)

0500 / ——— | *Neope oberthueri* Leech, 1891

0500 / 1568 | *Neope pulaha* (Moore, [1858])

0501 / ——— | *Neope pulahina* (Evans, 1923)

0500 / ——— | *Neope pulahoides* (Moore, [1892])

0500 / ——— | *Neope ramosa* Leech, 1890

0501 / ——— | *Neope serica* Leech, 1892

0501 / ——— | *Neope shirozui* Koiwaya, 1989

0500 / ——— | *Neope simulans* Leech, 1891

0501 / 1569 | *Neope yama* (Moore, [1858])

1249 / 1880 | *Neopithecops zalmora* (Butler, [1870])

0548 / 1584 | *Neorina hilda* Westwood, [1850]

0548 / 1584 | *Neorina partia* Leech, 1891

1099 / ——— | *Neozephyrus coruscans* (Leech, 1893)

1099 / ——— | *Neozephyrus dubernardi* (Riley, 1939)

1097 / ——— | *Neozephyrus helenae* Howarth, 1957

1096 / ——— | *Neozephyrus japonicas* (Murray, 1874)

1096 / ——— | *Neozephyrus suroia* (Tytler, 1915)

1096 / 1796 | *Neozephyrus taiwanus* (Wileman, 1908)

0743 / 1655 | *Nephargynnis anadyomene* (C. & R. Felder, 1862)

1010 / 1764 | *Neptis alwina* (Bremer & Grey, 1852)

0992 / 1760 | *Neptis ananta* Moore, 1857

1007 / ——— | *Neptis andetria* Fruhstorfer, 1912

0993 / ——— | *Neptis antilope* Leech, 1890

0999 / ——— | *Neptis arachne* Leech, 1890

0998 / ——— | *Neptis armandia* (Oberthür, 1876)

0999 / ——— | *Neptis beroe* Leech, 1890

0989 / ——— | *Neptis cartica* Moore, 1872

0983 / ——— | *Neptis choui* Yuan & Wang, 1994

0983 / 1756 | *Neptis clinia* Moore, 1872

0999 / ——— | *Neptis cydippe* Leech, 1890

1010 / ——— | *Neptis dejeani* Oberthür, 1894

1007 / ——— | *Neptis divisa* Oberthür, 1908

0984 / ——— | *Neptis harita* Moore, 1875

0998 / ——— | *Neptis hesione* Leech, 1890

0980 / 1754 | *Neptis hylas* (Linnaeus, 1758)

1000 / 1762 | *Neptis ilos* Fruhstorfer, 1909

0989 / ——— | *Neptis kuangtungensis* Mell, 1923

0983 / 1757 | *Neptis mahendra* Moore, 1872

0999 / ——— | *Neptis manasa* Moore, 1857

0998 / ——— | *Neptis meloria* Oberthür, 1906

0984 / 1758 | *Neptis miah* Moore, 1857

0992 / ——— | *Neptis namba* Tytler, 1915

0998 / ——— | *Neptis narayana* Moore, 1858

0983 / 1757 | *Neptis nata* Moore, 1857
0993 / ——— | *Neptis nemorosa* Oberthür, 1906
0999 / ——— | *Neptis nemorum* Oberthür, 1906
0984 / ——— | *Neptis noyala* Oberthür, 1906
1000 / ——— | *Neptis obscurior* Oberthür, 1906
0992 / 1760 | *Neptis philyra* Ménétriès, 1859
1007 / 1762 | *Neptis philyroides* Staudinger, 1887
1007 / 1764 | *Neptis pryeri* Butler, 1871
0992 / ——— | *Neptis pseudonamba* Huang, 2001
0998 / ——— | *Neptis radha* Moore, 1857
0983 / 1757 | *Neptis reducta* Fruhstorfer, 1908
1007 / 1763 | *Neptis rivularis* (Scopoli, 1763)
0989 / 1759 | *Neptis sankara* Kollar, 1844
0980 / 1753 | *Neptis sappho* (Pallas, 1771)
0983 / 1756 | *Neptis soma* Moore, 1857
0989 / ——— | *Neptis speyeri* Staudinger, 1887
0998 / 1761 | *Neptis sylvana* Oberthür, 1906
0992 / 1761 | *Neptis taiwana* Fruhstorfer, 1908
1000 / 1762 | *Neptis themis* Leech, 1890
0993 / ——— | *Neptis thestias* Leech, 1892
1007 / ——— | *Neptis thetis* Leech, 1890
1000 / 1761 | *Neptis thisbe* Ménétriès, 1859
0980 / 1755 | *Neptis yerburii* Butler, 1886
1000 / ——— | *Neptis yunnana* Oberthür, 1906
0992 / ——— | *Neptis zaida* Doubleday, 1848
0939 / 1731 | *Neurosigma siva* (Westwood, [1850])
0510 / ——— | *Ninguta schrenkii* (Ménétriès, 1859)
1214 / 1848 | *Niphanda fusca* (Bremer & Grey, 1853)
0516 / 1571 | *Nosea hainanensisi* Koiwaya, 1993
1375 / 1935 | *Notocrypta curvifascia* (C. & R. Felder, 1862)
1375 / 1935 | *Notocrypta feisthamelii* (Boisduval, 1832)
1375 / 1936 | *Notocrypta paralysos* (Wood-Mason & de Nicéville, 1881)
1186 / ——— | *Novosatsuma plumbagina* Johnson, 1992
1186 / ——— | *Novosatsuma pratti* (Leech, 1889)
0781 / ——— | *Nymphalis antiopa* (Linnaeus, 1758)
0781 / 1669 | *Nymphalis vau-album* (Denis & Schiffermüller, 1775)
0781 / 1669 | *Nymphalis xanthomelas* (Esper, 1781)

O >

1400 / 1943 | *Ochlodes bouddha* (Mabille, 1876)
1398 / ——— | *Ochlodes crataeis* (Leech, 1893)
1398 / ——— | *Ochlodes flavomaculata* Draeseke & Reuss, 1905

1400 / 1943 | *Ochlodes formosana* (Matsumura, 1919)

1398 / ——— | *Ochlodes hasegawai* Chiba & Tsukiyama, 1996

1402 / ——— | *Ochlodes klapperichii* Evans, 1940

1398 / ——— | *Ochlodes lanta* Evans, 1939

1398 / 1942 | *Ochlodes linga* Evans, 1939

1396 / ——— | *Ochlodes ochracea* (Bremer, 1861)

1396 / 1942 | *Ochlodes sagitta* Hemming, 1934

1396 / 1941 | *Ochlodes similis* (Leech, 1893)

1400 / ——— | *Ochlodes subhyalina* (Bremer & Grey, 1853)

1400 / 1943 | *Ochlodes thibetana* (Oberthür, 1886)

1396 / 1941 | *Ochlodes venata* (Bremer & Grey, 1853)

1352 / 1928 | *Ochus subvittatus* (Moore, 1878)

1314 / 1906 | *Odontoptilum angulata* (Felder, 1862)

0622 / ——— | *Oeneis buddha* Grum-Grshimailo, 1891

0624 / ——— | *Oeneis hora* Grum-Grshimailo, 1888

0624 / ——— | *Oeneis jutta* (Hübner, [1806])

0624 / ——— | *Oeneis magna* Graeser, 1888

0622 / 1613 | *Oeneis mongolica* (Oberthür, 1876)

0622 / ——— | *Oeneis sculda* (Eversmann, 1851)

0622 / ——— | *Oeneis tarpeia* (Pallas, 1771)

0624 / ——— | *Oeneis urda* (Eversmann, 1847)

1352 / 1929 | *Onryza maga* (Leech, 1890)

1404 / ——— | *Oriens gola* (Moore, 1877)

0516 / ——— | *Orinoma damaris* Gray, 1846

0531 / 1577 | *Orsotriaena medus* (Fabricius, 1775)

1215 / 1849 | *Orthomiella pontis* Elwes, 1887

1215 / 1850 | *Orthomiella rantaizana* Wileman, 1910

1215 / ——— | *Orthomiella sinensis* (Elwes, 1887)

P >

0074 / 1447 | *Pachliopta aristolochiae* (Fabricius, 1775)

1209 / 1839 | *Palaeochrysomphanus hippothoe* (Linnaeus, 1761)

0606 / 1608 | *Palaeonympha opalina* Butler, 1871

0742 / 1654 | *Pandoriana Pandora* ([Denis & Schiffermüller], 1775)

1016 / ——— | *Pantoporia assamica* (Moore, 1881)

1016 / ——— | *Pantoporia bieti* (Oberthür, 1894)

1015 / 1766 | *Pantoporia hordonia* (Stoll, [1790])

0078 / 1449 | *Papilio agestor* Gray, 1831

0110 / 1456 | *Papilio alcmenor* C. & R. Felder, [1865]

0159 / ——— | *Papilio arcturus* Westwood, 1842

0131 / 1457 | *Papilio bianor* Cramer, 1777

0110 / ——— | *Papilio bootes* Westwood, 1842

0103 / 1453 | *Papilio castor* Westwood, 1842
0083 / ——— | *Papilio clytia* Linnaeus, 1758
0131 / ——— | *Papilio dehaani* C. & R. Felder, 1864
0168 / 1461 | *Papilio demoleus* Linnaeus, 1758
0131 / 1458 | *Papilio dialis* (Leech, 1893)
0083 / 1450 | *Papilio elwesi* Leech, 1889
0078 / 1448 | *Papilio epycides* Hewitson, 1864
0092 / 1452 | *Papilio helenus* Linnaeus, 1758
0159 / 1461 | *Papilio hermosanus* Rebel, 1906
0131 / 1459 | *Papilio hoppo* Matsumura, 1908
0110 / ——— | *Papilio janaka* Moore, 1857
0159 / ——— | *Papilio krishna* Moore, 1857
0131 / 1458 | *Papilio maackii* Ménétriès, 1859
0168 / 1463 | *Papilio machaon* Linnaeus, 1758
0103 / ——— | *Papilio macilentus* Jason, 1877
0083 / 1450 | *Papilio maraho* Shiraki & Sonan, 1934
0110 / 1455 | *Papilio memnon* Linnaeus, 1758
0092 / 1451 | *Papilio nephelus* Boisduval, 1836
0092 / ——— | *Papilio noblei* de Nicéville, [1889]
0083 / 1449 | *Papilio paradoxa* (Zinken, 1831)
0159 / 1460 | *Papilio paris* Linnaeus, 1758
0092 / 1450 | *Papilio polytes* Linnaeus, 1758
0103 / 1454 | *Papilio protenor* Cramer, 1775
0078 / ——— | *Papilio slateri* Hewitson, 1859
0110 / 1456 | *Papilio taiwanus* Rothschild, 1898
0168 / 1462 | *Papilio xuthus* Linnaeus, 1767
0618 / ——— | *Paralasa kalinda* Moore, 1865
0618 / ——— | *Paralasa nitida* Riley, 1923
0618 / ——— | *Paralasamani* (de Nicéville, 1880)
0652 / 1629 | *Parantica aglea* (Stoll, [1782])
0651 / ——— | *Parantica melaneus* (Cramer, [1775])
0651 / ——— | *Parantica pedonga* Fujioka, 1970
0651 / 1627 | *Parantica sita* Kollar, [1844]
0652 / 1628 | *Parantica swinhoei* (Moore, 1883)
0199 / 1471 | *Paranticopsis macareus* (Godart, 1819)
0199 / ——— | *Paranticopsis megarus* (Westwood, 1844)
0199 / ——— | *Paranticopsis xenocles* (Doubleday, 1842)
0973 / ——— | *Parasarpa albomaculata* (Leech, 1891)
0974 / 1750 | *Parasarpa dudu* (Doubleday, [1848])
0974 / 1751 | *Parasarpa hourberti* (Oberthür, 1913)
0974 / 1751 | *Parasarpa zayla* (Doubleday, [1848])
1353 / ——— | *Parasovia perbella* (Hering, 1918)

0422 / ——— | *Pareronia anais* (Lesson, 1837)

0422 / ——— | *Pareronia avatar* (Moore, [1858])

1417 / ——— | *Parnara apostata* (Snellen, 1886)

1414 / 1950 | *Parnara bada* (Moore, 1878)

1414 / 1949 | *Parnara batta* Evans, 1949

1414 / 1950 | *Parnara ganga* Evans, 1937

1414 / 1948 | *Parnara guttata* (Bremer & Grey, 1853)

0278 / ——— | *Parnassius acco* Gray, [1853]

0277 / ——— | *Parnassius acdestis* Grum-Grshimailo, 1891

0257 / 1484 | *Parnassius actius* (Eversmann, 1843)

0285 / ——— | *Parnassius andreji* Eisner, 1930

0244 / 1481 | *Parnassius apollo* (Linnaeus, 1758)

0244 / ——— | *Parnassius apollonius* (Eversmann, 1847)

0258 / 1486 | *Parnassius ariadne* (Lederer, 1853)

0277 / ——— | *Parnassius augustus* (Fruhstorfer, 1903)

0278 / ——— | *Parnassius baileyi* South, 1913

0257 / 1485 | *Parnassius bremeri* Bremer, 1864

0278 / 1490 | *Parnassius cephalus* Grum-Grshimailo, 1891

0277 / ——— | *Parnassius charltonius* Gray, [1853]

0277 / ——— | *Parnassius delphius* Eversmann, 1843

0257 / 1483 | *Parnassius epaphus* Oberthür, 1879

0258 / ——— | *Parnassius eversmanni* Ménétriés, [1850]

0258 / 1486 | *Parnassius glacialis* Butler, 1866

0258 / 1488 | *Parnassius hardwickii* Gray, 1831

0285 / ——— | *Parnassius hide* (Koiwaya, 1987)

0285 / ——— | *Parnassius hunningtoni* Avinoff, 1916

0258 / 1488 | *Parnassius imperator* Oberthür, 1883

0257 / 1484 | *Parnassius jacquemontii* (Boisduval, 1836)

0277 / ——— | *Parnassius labeyriei* Weiss & Michel, 1989

0277 / 1490 | *Parnassius loxias* Püngeler, 1901

0244 / 1482 | *Parnassius nomion* Fischer & Waldheim, 1823

0285 / ——— | *Parnassius nosei* (Watanabe, 1989)

0258 / 1487 | *Parnassius orleans* Oberthür, 1890

0257 / 1486 | *Parnassius phoebus* (Fabricius, 1793)

0278 / ——— | *Parnassius przewalskii* Alphéraky, 1887

0285 / 1491 | *Parnassius simo* Gray, [1853]

0257 / ——— | *Parnassius stubbendorfii* Ménétriés, 1849

0285 / ——— | *Parnassius szechenyii* Frivaldszky, 1886

0286 / ——— | *Parnassius tenedius* Eversmann, 1851

0244 / 1482 | *Parnassius tianschanicus* Oberthür, 1879

0574 / ——— | *Paroeneis bicolor* (Seitz, [1909])

0574 / ——— | *Paroeneis palaearctica* (Staudinger, 1889)

0574 / ——— | *Paroeneis sikkimensis* (Staudinger, 1889)

0893 / 1723 | *Parthenos sylvia* (Cramer, [1776])

0203 / 1471 | *Pathysa agetes* (Westwood, 1843)

0203 / 1472 | *Pathysa antiphates* (Cramer, [1775])

0203 / ——— | *Pathysa aristeus* (Stoll, [1780])

0203 / 1473 | *Pathysa nomius* (Esper, 1799)

0973 / 1749 | *Patsuia sinensis* (Oberthür, 1876)

0211 / ——— | *Pazala alebion* (Gray, 1853)

0211 / 1476 | *Pazala eurous* (Leech, [1893])

0210 / ——— | *Pazala mandarinus* (Oberthür, 1879)

0210 / 1475 | *Pazala mullah* (Alphéraky, 1897)

0210 / ——— | *Pazala parus* (de Nicéville, 1900)

0210 / 1474 | *Pazala sichuanica* Koiwaya, 1993

0210 / ——— | *Pazala tamerlanus* (Oberthür, 1876)

1420 / 1954 | *Pelopidas agna* (Moore, [1866])

1421 / 1955 | *Pelopidas assamensis* (de Nicéville, 1882)

1425 / 1956 | *Pelopidas conjuncta* (Herrich-Schäffer, 1869)

1425 / ——— | *Pelopidas jansonis* (Butler, 1878)

1420 / 1953 | *Pelopidas mathias* (Fabricius, 1798)

1420 / 1955 | *Pelopidas sinensis* (Mabille, 1877)

1421 / ——— | *Pelopidas subochracea* (Moore, 1878)

0543 / 1582 | *Penthema adelma* (C. & R. Felder, 1862)

0543 / ——— | *Penthema darlisa* Moore, 1878

0543 / 1583 | *Penthema formosanum* Rothschild, 1898

0543 / ——— | *Penthema lisarda* (Doubleday, 1845)

1221 / ——— | *Petrelaea dana* (de Nicéville, [1884])

1010 / 1765 | *Phaedyma aspasia* (Leech, 1890)

1010 / ——— | *Phaedyma chinga* Eliot, 1969

1010 / 1765 | *Phaedyma columella* (Cramer, [1780])

0735 / ——— | *Phalanta alcippe* alcippoides (Moore, 1900)

0735 / 1648 | *Phalanta phalantha* columbina (Drury, [1773])

1254 / ——— | *Phengaris abida* Leech, [1893]

1254 / 1882 | *Phengaris atroguttata* (Oberthür, 1876)

1254 / 1883 | *Phengaris daitozana* Wileman, 1908

0400 / 1531 | *Pieris brassicae* (Linnaeus, 1758)

0401 / 1533 | *Pieris canidia* (Sparrman, 1768)

0410 / ——— | *Pieris chumbiensis* (de Nicéville, 1897)

0410 / ——— | *Pieris davidis* Oberthür, 1876

0400 / ——— | *Pieris deota* (de Niceville, 1884)

0410 / ——— | *Pieris dubernardi* Oberthür, 1884

0405 / 1535 | *Pieris extensa* Poujade, 1888

0410 / ——— | *Pieris kozlovi* Alpheraky, 1897

0401 / 1534 | *Pieris krueperi* Staudinger, 1860

0405 / ——— | *Pieris melaina* Röber, 1907

0405 / 1535 | *Pieris melete* Ménétriès, 1857

0401 / 1534 | *Pieris napi* (Linnaeus, 1758)

0401 / ——— | *Pieris orientis* Oberthür, 1880

0400 / 1532 | *Pieris rapae* (Linnaeus, 1758)

0405 / ——— | *Pieris rothschildi Verity, 1911*

0401 / ——— | *Pieris steinigeri* Eitschberger, 1983

0410 / 1536 | *Pieris stotzneri* (Draeseke, 1924)

0410 / ——— | *Pieris venata* Leech, 1891

0405 / ——— | *Pieris wangi* Huang, 1998

1329 / ——— | *Pintara bowringi* (Joicey & Talbot, 1921)

1369 / 1933 | *Pithauria linus* Evans, 1937

1369 / ——— | *Pithauria murdava* (Moore, 1865)

1240 / 1872 | *Pithecops corvus* Fruhstorfer, 1919

1240 / 1872 | *Pithecops fulgens* Doherty, 1889

1265 / 1889 | *Plebejus argus* (Linnaeus, 1758)

1267 / ——— | *Plebejus fyodor* Hsu, Bálint & Johnson, 2000

1267 / ——— | *Plebejus ganssuensis* (Grum-Grshimailo, 1891)

1019 / ——— | *Polycaena chauchawensis* (Mell, 1923)

1018 / ——— | *Polycaena kansuensis* Nordström, 1935

1018 / ——— | *Polycaena lama* Leech, 1893

1018 / ——— | *Polycaena lua* Grum-Grshimailo, 1891

1019 / ——— | *Polycaena minor* Forster, 1951

1018 / ——— | *Polycaena princeps* (Oberthür, 1886)

1019 / ——— | *Polycaena sejila* Huang & Li, 2016

1019 / ——— | *Polycaena timur* Staudinger, 1886

1018 / ——— | *Polycaena wangjiaqii* Huang, 2016

0790 / 1672 | *Polygonia c-album* (Linnaeus, 1758)

0790 / 1673 | *Polygonia c-aureum* (Linnaeus, 1758)

0790 / ——— | *Polygonia egea* (Cramer, 1775)

0790 / ——— | *Polygonia gigantea* (Leech, 1890)

1270 / ——— | *Polyommatus amorata* Alphéraky, 1897

1270 / ——— | *Polyommatus cyane* (Eversmann, 1837)

1270 / 1891 | *Polyommatus eros* (Ochsenheimer, 1808)

1270 / ——— | *Polyommatus forresti* Bálint, 1992

1270 / ——— | *Polyommatus sinina* Grum-Grshimailo, 1891

1431 / ——— | *Polytremis caerulescens* (Mabille, 1876)

1426 / ——— | *Polytremis discreta* (Elwes & Edwards, 1897)

1426 / 1957 | *Polytremis eltola* (Hewitson, [1869])

1427 / ——— | *Polytremis gigantea* Tsukiyama, Chiba & Fujioka, 1997

1431 / ——— | *Polytremis gotama* Sugiyama, 1999

1427 / ——— | *Polytremis jigongi* Zhu, Chen & Li, 2012

1427 / 1958 | *Polytremis kiraizana* (Sonan, 1938)

1426 / 1956 | *Polytremis lubricans* (Herrich-Schäffer, 1869)

1427 / ——— | *Polytremis matsuii* Sugiyama, 1999

1427 / 1959 | *Polytremis mencia* (Moore, 1877)

1431 / ——— | *Polytremis micropunctata* Huang, 2003

1431 / 1960 | *Polytremis nascens* (Leech, 1893)

1427 / 1958 | *Polytremis pellucida* (Murray, 1875)

1427 / 1959 | *Polytremis theca* (Evans, 1937)

1426 / 1957 | *Polytremis zina* (Evans, 1932)

0821 / ——— | *Polyura arja* (C. & R. Felder, [1867])

0821 / 1694 | *Polyura athamas* (Drury, [1773])

0825 / 1697 | *Polyura dolon* (Westwood, 1847)

0825 / 1696 | *Polyura eudamippus* (Doubleday, 1843)

0821 / 1696 | *Polyura narcaea* (Hewitson, 1854)

0825 / 1698 | *Polyura nepenthes* (Grose-Smith, 1883)

0825 / ——— | *Polyura posidonius* (Leech, 1891)

0825 / ——— | *Polyura schreiber* (Godart, [1824])

0414 / 1538 | *Pontia callidice* (Hübner, [1800])

0414 / 1536 | *Pontia chloridice* (Hübner, [1813])

0414 / 1537 | *Pontia edusa* (Fabricius, 1777)

1036 / ——— | *Poritia ericynoides* (C. & R. Felder, 1865)

1404 / 1945 | *Potanthus confucius* (C. & R. Felder, 1862)

1408 / ——— | *Potanthus diffusus* Hsu, Tsukiyama & Chiba, 2005

1407 / ——— | *Potanthus flavus* (Murray, 1875)

1404 / ——— | *Potanthus mara* (Evans, 1932)

1408 / 1946 | *Potanthus motzui* Hsu, Li & Li, 1990

1407 / ——— | *Potanthus palnia* (Evans, 1914)

1407 / ——— | *Potanthus pava* (Fruhstorfer, 1911)

1407 / 1945 | *Potanthus pseudomaesa* (Moore, 1881)

1408 / ——— | *Potanthus rectifasciata* (Elwes & Edwards, 1897)

1407 / ——— | *Potanthus tibetana* Huang, 2002

1407 / 1946 | *Potanthus trachalus* (Mabille, 1878)

1407 / ——— | *Potanthus yani* Huang, 2002

1384 / ——— | *Praescobura chrysomaculata* Devyatkin, 2002

1157 / 1816 | *Pratapa deva* Moore, 1858

1157 / ——— | *Pratapa icetas* (Hewitson, 1865)

0359 / ——— | *Prioneris philonome* (Boisduval, 1836)

0359 / 1521 | *Prioneris thestylis* (Doubleday, 1842)

0762 / ——— | *Proclossiana eunomia* (Esper, 1800)

1224 / ——— | *Prosotas aluta* (Druce, 1873)

1224 / 1857 | *Prosotas dubiosa* (Semper, [1879])

1224 / ——— | *Prosotas lutea* (Martin, 1895)

1224 / 1856 | *Prosotas nora* (Felder, 1860)

1062 / ——— | *Protantigius superans* (Oberthür, 1914)

0835 / ——— | *Prothoe franck* (Godart, [1824])

0878 / 1716 | *Pseudergolis wedah* (Kollar, 1844)

1417 / 1951 | *Pseudoborbo bevani* (Moore, 1878)

0577 / ——— | *Pseudochazara baldiva* (Moore, 1865)

0577 / 1598 | *Pseudochazara hippolyte* (Esper, 1783)

0577 / ——— | *Pseudochazara turkestana* Grum-Grshimailo, 1893

1310 / 1904 | *Pseudocoladenia dan* (Fabricius, 1787)

1310 / ——— | *Pseudocoladenia dea* (Leech, 1892)

1310 / 1904 | *Pseudocoladenia fatua* (Evans, 1949)

1310 / ——— | *Pseudocoladenia festa* (Evans, 1949)

1054 / ——— | *Pseudogonerilia kitawakii* (Koiwaya, 1993)

1333 / ——— | *Pyrgus alveus* Hübner, [1800-1803]

1334 / ——— | *Pyrgus bieti* (Oberthür, 1886)

1333 / ——— | *Pyrgus dejeani* (Oberthür, 1912)

1333 / 1917 | *Pyrgus maculatus* (Bremer & Grey, 1853)

1333 / ——— | *Pyrgus malvae* (Linnaeus, 1758)

1334 / ——— | *Pyrgus oberthuri* Leech, 1891

1333 / ——— | *Pyrgus speyeri* (Staudinger, 1887)

1387 / ——— | *Pyroneura margherita* (Doherty, 1889)

Q >

1383 / ——— | *Quedara flavens* Devyatkin, 2000

R >

1162 / ——— | *Rachana jalindra* (Horsfield, [1829])

0559 / 1586 | *Ragadia crisilida* Hewitson, 1862

0559 / ——— | *Ragadia crito* de Nicéville, 1890

1173 / ——— | *Rapala arata* (Bremer, 1861)

1173 / 1824 | *Rapala caerulea* Bremer & Grey, 1852

1174 / ——— | *Rapala iarbus* (Fabricius, 1787)

1173 / 1824 | *Rapala manea* (Hewitson, 1863)

1172 / 1821 | *Rapala micans* (Bremer & Grey, 1853)

1174 / ——— | *Rapala nemorensis* Oberthür, 1914

1173 / ——— | *Rapala nissa* Kollar, [1844]

1172 / 1823 | *Rapala pheretima* (Hewitson, 1863)

1173 / ——— | *Rapala subpurpurea* Leech, 1890

1174 / 1825 | *Rapala takasagonis* Matsumura, 1929

1172 / 1823 | *Rapala varuna* Horsfield, [1829]

1068 / 1793 | *Ravenna nivea* (Nire, 1920)

1162 / 1816 | *Remelana jangala* (Horsfield, [1829])
0514 / 1571 | *Rhaphicera dumicola* (Oberthür, 1876)
0514 / ——— | *Rhaphicera moorei* (Butler, 1867)
0514 / ——— | *Rhaphicera satrica* (Doubleday, [1849])
0852 / 1705 | *Rohana parisatis* (Westwood, 1850)
0852 / ——— | *Rohana parvata* Moore, 1857

S >

1070 / ——— | *Saigusaozephyrus atabyrius* (Oberthür, 1914)
1314 / 1906 | *Sarangesa dasahara* (Moore, [1866])
0862 / 1709 | *Sasakia charonda* (Hewitson, 1863)
0862 / 1710 | *Sasakia funebris* (Leech, 1891)
1326 / 1913 | *Satarupa formosibia* Strand, 1927
1323 / 1913 | *Satarupa majasra* Fruhstorfer, 1909
1323 / ——— | *Satarupa monbeigi* Oberthür, 1921
1323 / ——— | *Satarupa nymphalis* (Speyer, 1879)
1326 / ——— | *Satarupa valentini* Oberthür, 1921
1326 / 1913 | *Satarupa zulla* Tytler, 1915
1195 / 1830 | *Satyrium austrinum* (Murayama, 1943)
1190 / ——— | *Satyrium bozanoi* (Sugiyama, 2004)
1195 / ——— | *Satyrium esakii* (Shirzou, 1941)
1193 / 1830 | *Satyrium eximia* (Fixsen, 1887)
1193 / ——— | *Satyrium fixseni* (Leech, 1893)
1197 / 1831 | *Satyrium formosanum* (Matsumura, 1910)
1195 / ——— | *Satyrium grandis* (Felder & Felder, 1862)
1197 / ——— | *Satyrium inflammata* (Alpheraky, 1889)
1189 / ——— | *Satyrium inouei* (Shirozu, 1959)
1189 / ——— | *Satyrium iyonis* (Ota & Kusunoki, 1957)
1190 / 1829 | *Satyrium latior* (Fixsen, 1887)
1189 / ——— | *Satyrium minshanicum* Murayama, 1992
1197 / 1830 | *Satyrium ornate* (Leech, 1890)
1193 / ——— | *Satyrium patrius* (Leech, 1891)
1195 / ——— | *Satyrium percomis* (Leech, 1893)
1199 / ——— | *Satyrium phyllodendri* (Elwes, 1882)
1190 / 1830 | *Satyrium pruni* (Linnaeus, 1758)
1190 / 1829 | *Satyrium prunoides* (Staudinger, 1887)
1195 / ——— | *Satyrium tamikoae* (koiwaya, 2002)
1199 / ——— | *Satyrium thalia* (Leech, 1893)
1190 / ——— | *Satyrium tshikolovetsi* Bozno, 2015
1190 / ——— | *Satyrium v-album* (Oberthür, 1886)
1189 / 1828 | *Satyrium w-album* (Knoch, 1782)
1197 / ——— | *Satyrium watarii* (Matsumura, 1927)

1195 / ——— | *Satyrium yangi* (Riley, 1939)

0570 / 1594 | *Satyrus ferula* (Fabricius, 1793)

1386 / ——— | *Scobura cephaloides* (de Nicéville, 1888)

1384 / ——— | *Scobura coniata* Hering, 1918

1386 / ——— | *Scobura hainana* (Gu & Wang, 1998)

1386 / ——— | *Scobura lyso* (Evans, 1939)

1386 / ——— | *Scobura masutarai* Sugiyama, 1996

1386 / ——— | *Scobura stellata* Fan, Chiba & Wang, 2010

1257 / 1884 | *Scolitantides orion* (Pallas, 1771)

1353 / ——— | *Sebastonyma dolopia* (Hewitson, 1868)

0859 / 1708 | *Sephisa chandra* (Moore, [1858])

0859 / 1708 | *Sephisa daimio* Matsumura, 1910

0859 / 1708 | *Sephisa princeps* (Fixsen, 1887)

0235 / 1478 | *Sericinus montelus* Gray, 1852

1320 / 1912 | *Seseria dohertyi* (Watson, 1893)

1320 / 1912 | *Seseria formosana* (Fruhstorfer, 1909)

1320 / ——— | *Seseria sambara* (Moore, 1866)

1051 / 1788 | *Shaanxiana takashimai* Koiwaya, 1993

1236 / ——— | *Shijimia moorei* (Leech, 1889)

1260 / 1884 | *Shijimiaeoides divina* (Fixen, 1887)

1043 / 1786 | *Shirozua jonasi* (Janson, 1877)

1043 / ——— | *Shirozua melpomene* (Leech, 1890)

1126 / ——— | *Sibataniozephyrus kuafui* Hsu & Lin, 1994

1126 / 1802 | *Sibataniozephyrus lijinae* Hsu, 1995

1258 / ——— | *Sinia lanty* (Oberthür, 1886)

1179 / 1826 | *Sinthusa chandrana* (Moore, 1882)

1179 / 1827 | *Sinthusa nasaka* (Horsfield, [1829])

1179 / ——— | *Sinthusa virgo* (Elwes, 1887)

1179 / ——— | *Sinthusa zhejiangensis* Yoshino, 1995

1357 / 1929 | *Sovia eminens* Devyatkin, 1996

1357 / ——— | *Sovia fangi* Huang & Wu, 2003

1357 / ——— | *Sovia grahami* (Evans, 1926)

1357 / ——— | *Sovia lii* Xue, 2015

1357 / ——— | *Sovia lucasii* (Mabille, 1876)

1357 / ——— | *Sovia separata* (Moore, 1882)

1038 / 1783 | *Spalgis epeus* Westwood, [1851]

0752 / 1658 | *Speyeria aglaja* (Linnaeus, 1758)

0752 / ——— | *Speyeria clara* (Blanchard, 1844)

1335 / ——— | *Spialia galba* (Fabricius, 1793)

1335 / ——— | *Spialia orbifer* (Hübner, 1823)

1152 / ——— | *Spindasis evansi* (Tytler, 1915)

1151 / 1813 | *Spindasis kuyaniana* (Matsumura, 1919)

1152 / ——— | *Spindasis leechi* Swinhoe, 1912

1150 / 1812 | *Spindasis lohita* (Horsfield, 1829)

1152 / 1813 | *Spindasis rukma* (de Nicéville, [1889])

1151 / 1812 | *Spindasis syama* (Horsfield, 1829)

1151 / ——— | *Spindasis takanonis* (Matsumura, 1906)

1151 / ——— | *Spindasis zhengweilie* Huang, 1998

0880 / 1717 | *Stibochiona nicea* (Gray, 1846)

1023 / ——— | *Stiboges elodinia* Fruhstorfer, 1914

1023 / ——— | *Stiboges nymphidia* Butler, 1876

0712 / 1640 | *Stichophthalma camadeva* (Westwood, 1848)

0712 / ——— | *Stichophthalma fruhstorferi* Röber, 1903

0703 / 1638 | *Stichophthalma howqua* (Westwood, 1851)

0712 / ——— | *Stichophthalma le* Joicey & Talbot, 1921

0712 / 1640 | *Stichophthalma mathilda* Janet, 1905

0703 / ——— | *Stichophthalma neumogeni* Leech, 1892

0703 / 1640 | *Stichophthalma nourmahal* (Westwood, 1851)

0712 / ——— | *Stichophthalma sparta* de Nicéville, 1894

0703 / 1639 | *Stichophthalma suffusa* Leech, 1892

1372 / ——— | *Stimula swinhoei* (Elwes & Edwards, 1897)

1379 / 1938 | *Suastus gremius* (Fabricius, 1798)

1379 / ——— | *Suastus minutus* (Moore, 1877)

1260 / ——— | *Subsulanoides nagata* Koiwaya, 1989

0974 / 1752 | *Sumalia daraxa* (Doubleday, [1848])

1137 / 1807 | *Surendra quercetorum* Moore, 1858

0802 / 1682 | *Symbrenthia brabira* Moore, 1872

0804 / ——— | *Symbrenthia doni* Tytler, 1940

0802 / 1683 | *Symbrenthia hypselis* (Godart, 1824)

0802 / 1681 | *Symbrenthia lilaea* Hewitson, 1864

0804 / ——— | *Symbrenthia niphanda* Moore, 1872

0804 / 1684 | *Symbrenthia silana* de Neceville, 1885

0804 / ——— | *Symbrenthia sinica* Moore, 1899

0804 / ——— | *Symbrenthia sinoides* Hall, 1935

1219 / 1854 | *Syntarucus plinius* (Fabricius, 1793)

T >

1317 / 1909 | *Tagiades cohaerens* Mabille, 1914

1320 / 1911 | *Tagiades gana* (Moore, 1865)

1317 / 1910 | *Tagiades litigiosa* Möschler, 1878

1317 / 1909 | *Tagiades menaka* (Moore, 1865)

1320 / 1911 | *Tagiades trebellius* (Höpffer, 1874)

1156 / 1815 | *Tajuria caerulea* Nire, 1920

1155 / 1814 | *Tajuria cippus* (Fabricius, 1798)

1156 / 1815 | *Tajuria diaeus* (Hewitson, 1865)

1155 / ——— | *Tajuria gui* Chou & Wang, 1994

1155 / 1814 | *Tajuria illurgis* (Hewitson, 1869)

1156 / 1814 | *Tajuria maculata* (Hewitson, 1865)

1021 / ——— | *Takashia nana* (Leech, 1893)

0416 / 1539 | *Talbotia naganum* (Moore, 1884)

0935 / 1731 | *Tanaecia jahnu* (Moore, [1858])

0935 / ——— | *Tanaecia julii* (Lesson, 1837)

1403 / ——— | *Taractrocera ceramas* (Hewitson, 1868)

1403 / ——— | *Taractrocera flavoides* Leech, 1892

1403 / ——— | *Taractrocera maevius* (Fabricius, 1793)

1038 / 1784 | *Taraka hamada* Druce, 1875

1039 / ——— | *Taraka shiloi* Tamai & Guo, 2001

0522 / 1572 | *Tatinga tibetana* (Oberthür, 1876)

1023 / 1773 | *Taxila hainana* Riley & Godfrey, 1925

0231 / ——— | *Teinopalpus aureus* Mell, 1923

0231 / ——— | *Teinopalpus imperialis* Hope, 1843

1409 / 1947 | *Telicota bambusae* (Moore, 1878)

1409 / ——— | *Telicota besta* Evans, 1949

1409 / ——— | *Telicota colon* (Fabricius, 1775)

1413 / ——— | *Telicota linna* Evans, 1949

1409 / 1947 | *Telicota ohara* (Plötz, 1883)

1079 / ——— | *Teratozephyrus arisanus* (Wileman, 1909)

1084 / ——— | *Teratozephyrus elatus* Hsu & Lu, 2005

1084 / ——— | *Teratozephyrus hecale* (Leech, 1893)

1084 / ——— | *Teratozephyrus hinomaru* Fujioka, 1994

1084 / ——— | *Teratozephyrus nuwai* Koiwaya , 1996

1080 / ——— | *Teratozephyrus tsukiyamahiroshii* Fujioka, 1994

1080 / ——— | *Teratozephyrus yugaii* (Kano, 1928)

0733 / ——— | *Terinos clarissa* Boisduval, 1836

1135 / ——— | *Thaduka multicaudata* Moore, 1878

0697 / 1636 | *Tharuia althyi* (Fruhstorfer, 1902)

0692 / ——— | *Thaumantis diores* Doubleday, 1845

0692 / ——— | *Thaumantis hainana* (Crowley, 1900)

1046 / 1786 | *Thecla betula* (Linnaeus, 1758)

1046 / 1786 | *Thecla betulina* (Staudinger, 1887)

1046 / ——— | *Thecla ohyai* Fujioka, 1994

1114 / ——— | *Thermozephyrus ataxus* (Westwood, [1851])

1204 / ——— | *Thersamonia dabrerai* Balint, 1996

1201 / 1835 | *Thersamonia dispar* (Haworth, 1802)

1204 / 1836 | *Thersamonia solskyi* Erschoff, 1874

1204 / 1836 | *Thersamonia thersamon* (Esper, 1784)

1204 / ——— | *Thersamonia violacea* (Staudinger, 1892)

1359 / ——— | *Thoressa baileyi* (South, 1913)

1359 / 1930 | *Thoressa bivitta* (Oberthür, 1886)

1359 / ——— | *Thoressa blanchardii* (Mabille, 1876)

1360 / ——— | *Thoressa fusca* (Elwes, [1893])

1360 / ——— | *Thoressa gupta* (de Nicéville, 1886)

1360 / 1931 | *Thoressa horishana* (Matsumura, 1910)

1360 / 1930 | *Thoressa hyrie* (de Nicéville, 1891)

1360 / ——— | *Thoressa kuata* (Evans, 1940)

1364 / ——— | *Thoressa latris* (Leech, 1894)

1363 / ——— | *Thoressa luanchuanensis* (Wang & Niu, 2002)

1363 / ——— | *Thoressa maculata* Fan & Wang, 2009

1359 / 1930 | *Thoressa masuriensis* (Moore, 1878)

1364 / ——— | *Thoressa monastyrskyi* Devyatkin, 1996

1359 / ——— | *Thoressa pandita* (de Nicéville, 1885)

1363 / ——— | *Thoressa pedla* (Evans, 1956)

1363 / ——— | *Thoressa serena* (Evans, 1937)

1360 / ——— | *Thoressa submacula* (Leech, 1890)

1360 / ——— | *Thoressa viridis* (Huang, 2003)

1363 / 1931 | *Thoressa xiaoqingae* Huang & Zhan, 2004

1363 / ——— | *Thoressa yingqii* Huang, 2010

1363 / ——— | *Thoressa zinnia* (Evans, 1939)

1402 / 1944 | *Thymelicus leoninus* (Butler, 1878)

1402 / ——— | *Thymelicus lineola* Ochsenheimer, 1808

1402 / ——— | *Thymelicus sylvaticus* (Bremer, 1861)

1146 / ——— | *Ticherra acte* (Moore, [1858])

0875 / 1714 | *Timelaea albescens* (Oberthür, 1886)

0875 / 1714 | *Timelaea maculata* (Bremer & Grey, [1852])

0646 / ——— | *Tirumala gautama* (Moore, 1877)

0646 / 1626 | *Tirumala limniace* (Cramer, [1775])

0646 / 1626 | *Tirumala septentrionis* (Butler, 1874)

1239 / ——— | *Tongeia amplifascia* Huang, 2001

1239 / ——— | *Tongeia dongchuanensis* Huang & Chen, 2006

1238 / 1868 | *Tongeia filicaudis* (Pryer, 1877)

1238 / 1869 | *Tongeia fischeri* (Eversmann, 1843)

1238 / ——— | *Tongeia fischeri* Leech, [1893]

1238 / 1869 | *Tongeia hainani* Bethune-Baker, 1914

1239 / 1870 | *Tongeia ion* (Leech, 1891)

1239 / ——— | *Tongeia menpae* Huang, 1998

1239 / 1870 | *Tongeia potanini* (Alphéraky, 1889)

1239 / 1871 | *Tongeia pseudozuthus* Huang, 2001

0631 / ——— | *Triphysa dohrnii* Zeller, 1850

0022 / 1443 | *Troides aeacus* (C. & R. Felder, 1860)

0022 / 1442 | *Troides helena* (Linnaeus, 1758)

0022 / 1443 | *Troides magellanus* (C. & R. Felder, 1862)

1425 / ——— | *Tsukiyamaia albimacula* Zhu, Chiba & Wu, 2016

U >

1245 / 1875 | *Udara albocaerulea* (Moore, 1879)

1245 / 1874 | *Udara dilecta* (Moore, 1879)

1376 / 1937 | *Udaspes folus* (Cramer, [1775])

1376 / ——— | *Udaspes stellatus* (Oberthür, 1896)

1086 / ——— | *Uedaozephyrus kuromon* (Sugiyama, 1994)

1217 / 1851 | *Una usta* (Distant, 1886)

1050 / 1787 | *Ussuriana fani* Koiwaya, 1993

1050 / ——— | *Ussuriana igarashi* Wang & Owada, 2009

1050 / 1787 | *Ussuriana michaelis* (Uberthür, 1880)

V >

0733 / 1647 | *Vagrans egista* (Cramer, [1780])

0793 / 1675 | *Vanessa cardui* (Linnaeus, 1758)

0793 / 1674 | *Vanessa indica* (Herbst, 1794)

0731 / 1646 | *Vindula erota* (Fabricius, 1793)

W >

1068 / ——— | *Wagimo asanoi* Koiwaya, 1999

1068 / 1792 | *Wagimo insularis* Shirôzu, 1957

1067 / ——— | *Wagimo signatus* (Butler, [1882])

1067 / ——— | *Wagimo sulgeri* (Oberthür, 1908)

Y >

1069 / 1794 | *Yamamotozephyrus kwangtungensis* (Forster, 1942)

1144 / 1810 | *Yasoda androconifera* Fruhstorfer, [1912]

1143 / 1809 | *Yasoda tripunctata* (Hewison, [1863])

0775 / ——— | *Yoma sabina* (Cramer, [1780])

0599 / ——— | *Ypthima akragas* Fruhstorfer, 1911

0597 / ——— | *Ypthima angustipennis* Takahashi, 2000

0590 / ——— | *Ypthima argus* Butler, 1878

0590 / 1603 | *Ypthima baldus* (Fabricius, 1775)

0599 / ——— | *Ypthima chinensis* Leech, 1892

0602 / ——— | *Ypthima ciris* Leech, 1891

0602 / ——— | *Ypthima confusa* Shirôzu & Shima, 1977

0593 / 1605 | *Ypthima conjuncta* Leech, 1891

0597 / ——— | *Ypthima dromon* Oberthür, 1891

0599 / ——— | *Ypthima esakii* Shirôzu, 1960

0597 / ——— | *Ypthima formosana* Fruhstorfer, 1908

0597 / ——— | *Ypthima frontierii* Uemura & Monastyrskii, 2000

0604 / ——— | *Ypthima huebneri* Kirby, 1871

0599 / 1606 | *Ypthima imitans* Elwes & Edwards, 1893

0597 / ——— | *Ypthima iris* Leech, 1891

0602 / ——— | *Ypthima kitawakii* Uémura & Koiwaya, 2001

0602 / ——— | *Ypthima lisandra* (Cramer, [1780])

0599 / ——— | *Ypthima medusa* Leech, 1892

0597 / ——— | *Ypthima megalomma* Butler, 1874

0599 / 1606 | *Ypthima multistriata* Butler, 1883

0604 / ——— | *Ypthima norma* Westwood, 1851

0590 / ——— | *Ypthima okurai* Okano, 1962

0593 / ——— | *Ypthima parasakra* Eliot, 1987

0604 / 1608 | *Ypthima phania* (Oberthür, 1891)

0593 / 1605 | *Ypthima praenubila* Leech, 1891

0599 / ——— | *Ypthima pratti* Elwes, 1893

0593 / ——— | *Ypthima sakra* Moore, 1857

0604 / ——— | *Ypthima sinica* Uémura & Koiwaya, 2000

0604 / 1608 | *Ypthima tappana* Matsumura, 1909

0602 / ——— | *Ypthima wenlungi* Takahashi, 2007

0590 / 1604 | *Ypthima zodia* Butler, 1871

Z >

0427 / 1545 | *Zegris pyrothoe* (Eversmann, 1832)

1167 / 1819 | *Zeltus amasa* (Hewitson, 1869)

1028 / 1773 | *Zemeros flegyas* (Cramer, [1780])

1138 / 1807 | *Zinaspa youngi* Hsu & Johnson, 1998

0551 / ——— | *Zipaetis unipupillata* Lee, 1962

1230 / ——— | *Zizeeria karsandra* (Moore, 1865)

1230 / 1864 | *Zizeeria maha* (Kollar, [1844])

1233 / 1865 | *Zizina emelina* (de l'Orza, 1867)

1233 / 1865 | *Zizina otis* (Fabricius, 1787)

1234 / 1865 | *Zizula hylax* (Fabricius, 1775)

1382 / ——— | *Zographetus pangi* Fan, Wang & Chen, 2007

1382 / 1938 | *Zographetus satwa* (de Nicéville, 1884)

A >

1263 / 1886	阿爱灰蝶
1224 / ———	阿波灰蝶
0680 / ———	阿波绢蛱蝶
0244 / 1481	阿波罗绢蝶
1268 / 1891	阿点灰蝶
0817 / ———	阿顶网蛱蝶
0314 / ———	阿豆粉蝶
0817 / ———	阿尔网蛱蝶
0629 / 1618	阿芬眼蝶
0638 / ———	阿红眼蝶
0992 / 1760	阿环蛱蝶
1390 / ———	阿蕉弄蝶
0590 / ———	阿矍眼蝶
0631 / 1618	阿勒眼蝶
1079 / ———	阿里山铁灰蝶
0494 / 1566	阿芒荫眼蝶
0608 / ———	阿娜艳眼蝶
1087 / ———	阿磐灰蝶
0896 / ———	阿佩翠蛱蝶
0422 / ———	阿青粉蝶
0810 / ———	阿莎堇蛱蝶
1264 / ———	埃灰蝶
1233 / 1865	埃毛眼灰蝶
1036 / ———	埃圆灰蝶
1010 / 1765	霭菲蛱蝶
1162 / ———	艾灰蝶
0759 / ———	艾鲁珍蛱蝶
1328 / ———	艾莎白弄蝶
0258 / ———	艾雯绢蝶
0278 / ———	爱珂绢蝶
1134 / ———	爱睐花灰蝶
0258 / 1486	爱侣绢蝶
1270 / ———	爱慕眼灰蝶
0626 / 1614	爱珍眼蝶
0320 / 1505	安迪黄粉蝶
0285 / ———	安度绢蝶
1261 / ———	安婀灰蝶
0759 / ———	安格尔珍蛱蝶
1164 / 1817	安灰蝶
0320 / ———	安里黄粉蝶
0441 / 1549	安徒生黛眼蝶
0897 / ———	暗斑翠蛱蝶
1173 / ———	暗翅燕灰蝶
0897 / ———	暗翠蛱蝶
0634 / ———	暗红眼蝶
0401 / 1534	暗脉粉蝶
0363 / 1522	暗色绢粉蝶
0581 / ———	暗岩眼蝶
1357 / ———	暗缘飗弄蝶
1205 / ———	昂貉灰蝶
1360 / ———	凹瓣陀弄蝶
1366 / ———	凹缘醔弄蝶
0831 / ———	鳌蛱蝶
0856 / 1706	傲白蛱蝶
1267 / ———	傲灿灰蝶
0379 / ———	奥倍绢粉蝶
0700 / ———	奥倍纹环蝶
0344 / 1515	奥古斑粉蝶
0277 / ———	奥古斯都绢蝶
1000 / ———	奥环蛱蝶
0944 / 1735	奥蛱蝶
1352 / 1928	奥弄蝶
0427 / ———	奥森荣粉蝶
1334 / ———	奥氏花弄蝶
0531 / 1577	奥眼蝶
0500 / ———	奥荫眼蝶

B >

0477 / ———	八目黛眼蝶
0887 / ———	八目丝蛱蝶
0581 / 1601	八字岩眼蝶
0905 / ———	巴翠蛱蝶
0159 / 1460	巴黎翠凤蝶
1067 / ———	巴青灰蝶

1106 / ———	巴山金灰蝶	1300 / 1902	白角星弄蝶
1071 / ———	巴蜀轭灰蝶	0552 / ———	白襟黑眼蝶
0278 / ———	巴裔绢蝶	0781 / 1669	白矩朱蛱蝶
0417 / 1540	芭侏粉蝶	0257 / ———	白绢蝶
1145 / ———	白斑灰蝶	1328 / 1914	白弄蝶
1390 / ———	白斑蕉弄蝶	0934 / 1730	白裙蛱蝶
0848 / 1704	白斑迷蛱蝶	1156 / 1815	白日双尾灰蝶
1425 / ———	白斑弄蝶	1276 / 1893	白伞弄蝶
0973 / ———	白斑俳蛱蝶	0875 / 1714	白裳猫蛱蝶
0063 / ———	白斑麝凤蝶	1179 / ———	白生灰蝶
1245 / 1875	白斑妩灰蝶	0581 / 1600	白室岩眼蝶
1039 / ———	白斑蚜灰蝶	0448 / ———	白水隆黛眼蝶
0543 / 1582	白斑眼蝶	0501 / ———	白水荫眼蝶
1345 / 1922	白斑银弄蝶	0441 / ———	白条黛眼蝶
1400 / ———	白斑赭弄蝶	0611 / 1610	白瞳舜眼蝶
0673 / ———	白壁紫斑蝶	1023 / ———	白蚬蝶
1320 / 1911	白边裙弄蝶	0540 / ———	白线眉眼蝶
0608 / 1609	白边艳眼蝶	0178 / ———	白线燕凤蝶
1313 / ———	白彩弄蝶	0712 / 1640	白袖箭环蝶
1164 / 1818	白衬安灰蝶	0561 / ———	白眼蝶
0636 / ———	白衬祐红眼蝶	1220 / ———	百娜灰蝶
1190 / ———	白衬洒灰蝶	1128 / 1802	百娆灰蝶
0350 / 1518	白翅尖粉蝶	0465 / ———	拜迪黛眼蝶
1300 / ———	白触星弄蝶	0083 / ———	斑凤蝶
1306 / ———	白窗弄蝶	1145 / 1811	斑灰蝶
0831 / 1699	白带螯蛱蝶	1130 / ———	斑基娆灰蝶
1171 / ———	白带玳灰蝶	1432 / ———	斑珂弄蝶
0472 / 1556	白带黛眼蝶	1363 / ———	斑陀弄蝶
1022 / 1769	白带褐蚬蝶	0813 / 1690	斑网蛱蝶
0728 / 1645	白带锯蛱蝶	1297 / 1900	斑星弄蝶
0599 / ———	白带矍眼蝶	0299 / 1497	斑缘豆粉蝶
1114 / ———	白底铁金灰蝶	0400 / ———	斑缘粉蝶
1023 / ———	白点白蚬蝶	0726 / ———	斑珍蝶
1022 / 1771	白点褐蚬蝶	1286 / 1897	半黄绿弄蝶
0638 / ———	白点红眼蝶	0640 / 1623	棒纹喙蝶
0611 / ———	白点舜眼蝶	0587 / ———	棒纹林眼蝶
0712 / ———	白兜箭环蝶	0350 / 1517	宝玲尖粉蝶
1290 / ———	白粉大弄蝶	0334 / 1511	报喜斑粉蝶
1320 / ———	白腹瑟弄蝶	1156 / 1814	豹斑双尾灰蝶
0790 / 1672	白钩蛱蝶	1218 / 1853	豹灰蝶
1254 / 1882	白灰蝶	1402 / 1944	豹弄蝶

0810 / ——— | 豹纹堇蛱蝶
1021 / ——— | 豹蚬蝶
0516 / 1571 | 豹眼蝶
1333 / ——— | 北方花弄蝶
1190 / 1829 | 北方洒灰蝶
0759 / 1661 | 北国珍蛱蝶
0320 / 1503 | 北黄粉蝶
0758 / ——— | 北冷珍蛱蝶
0314 / ——— | 北黎豆粉蝶
1054 / ——— | 北胁拟工灰蝶
0452 / ——— | 贝利黛眼蝶
1359 / ——— | 贝利陀弄蝶
1220 / ——— | 贝娜灰蝶
0375 / ——— | 贝娜绢粉蝶
0632 / 1618 | 贝眼蝶
0344 / 1514 | 倍林斑粉蝶
0484 / ——— | 比目黛眼蝶
1087 / ——— | 毕磐灰蝶
1016 / ——— | 苪蟠蛱蝶
0131 / 1457 | 碧凤蝶
0468 / 1555 | 边纹黛眼蝶
1350 / ——— | 标锷弄蝶
0258 / 1486 | 冰清绢蝶
0634 / 1619 | 波翅红眼蝶
0799 / 1679 | 波翅眼蛱蝶
1224 / 1856 | 波灰蝶
0889 / 1722 | 波蛱蝶
1190 / ——— | 波氏洒灰蝶
1239 / 1870 | 波太玄灰蝶
0476 / 1560 | 波纹黛眼蝶
1028 / 1773 | 波蚬蝶
1332 / ——— | 波珠弄蝶
1242 / ——— | 驳灰蝶
0762 / ——— | 铂蛱蝶
0842 / ——— | 铂铠蛱蝶
0320 / 1504 | 檗黄粉蝶
1113 / ——— | 不丹金灰蝶
1307 / ——— | 布窗弄蝶
0921 / ——— | 布翠蛱蝶
0494 / 1567 | 布莱荫眼蝶
0812 / ——— | 布蜜蛱蝶

1329 / ——— | 布氏秉弄蝶
0806 / ——— | 布网蜘蛱蝶

C ›

0447 / ——— | 彩斑黛眼蝶
1030 / 1774 | 彩斑尾蚬蝶
1210 / ——— | 彩灰蝶
0733 / 1647 | 彩蛱蝶
0063 / ——— | 彩裙麝凤蝶
0543 / ——— | 彩裳斑眼蝶
0974 / 1751 | 彩衣俳蛱蝶
0400 / 1532 | 菜粉蝶
0953 / 1739 | 残锷线蛱蝶
0754 / 1659 | 灿福蛱蝶
1267 / ——— | 灿灰蝶
1085 / ——— | 仓灰蝶
1403 / ——— | 草黄弄蝶
0611 / 1611 | 草原舜眼蝶
0593 / ——— | 侧斑矍眼蝶
0461 / ——— | 侧带黛眼蝶
0339 / 1513 | 侧条斑粉蝶
0576 / ——— | 侧条槁眼蝶
1171 / ——— | 茶翅玳灰蝶
0891 / ——— | 姹蛱蝶
1307 / ——— | 姹弄蝶
0277 / ——— | 姹瞳绢蝶
0754 / ——— | 蟾福蛱蝶
1409 / ——— | 长标弄蝶
1359 / ——— | 长标陀弄蝶
0882 / ——— | 长波电蛱蝶
1234 / 1865 | 长腹灰蝶
1022 / 1772 | 长尾褐蚬蝶
0237 / ——— | 长尾虎凤蝶
1235 / ——— | 长尾蓝灰蝶
1087 / ——— | 长尾磐灰蝶
0043 / 1446 | 长尾麝凤蝶
0476 / 1559 | 长纹黛眼蝶
1386 / ——— | 长须弄蝶
1122 / ——— | 超艳灰蝶
1051 / ——— | 朝灰蝶
1007 / 1762 | 朝鲜环蛱蝶

1205 / 1837 | 陈呃灰蝶
1066 / ——— | 陈氏青灰蝶
0295 / ——— | 橙翅方粉蝶
0426 / 1545 | 橙翅襟粉蝶
1273 / 1892 | 橙翅伞弄蝶
0331 / 1510 | 橙粉蝶
0299 / 1496 | 橙黄豆粉蝶
1201 / 1835 | 橙昙灰蝶
1128 / 1803 | 齿翅娆灰蝶
0427 / 1545 | 赤眉粉蝶
0597 / ——— | 重光矍眼蝶
1010 / 1764 | 重环蛱蝶
0950 / 1737 | 重眉线蛱蝶
0484 / ——— | 重瞳黛眼蝶
0131 / 1459 | 重帏翠凤蝶
0953 / ——— | 愁眉线蛱蝶
1193 / ——— | 川滇洒灰蝶
1053 / ——— | 川陕珂灰蝶
0721 / 1641 | 串珠环蝶
1289 / 1898 | 窗斑大弄蝶
0877 / ——— | 窗蛱蝶
1307 / ——— | 窗弄蝶
0616 / ——— | 垂泪睛眼蝶
0072 / ——— | 锤尾凤蝶
0410 / ——— | 春丕粉蝶
1217 / 1851 | 纯灰蝶
1419 / ——— | 刺胫弄蝶
1426 / 1957 | 刺纹孔弄蝶
0524 / ——— | 丛林链眼蝶
0050 / ——— | 粗绒麝凤蝶
0083 / 1449 | 翠蓝斑凤蝶
0796 / 1677 | 翠蓝眼蛱蝶
0277 / ——— | 翠雀绢蝶
0554 / 1585 | 翠袖锯眼蝶
1121 / 1800 | 翠艳灰蝶
1357 / ——— | 错缘飕弄蝶

D >

0168 / 1461 | 达摩凤蝶
0063 / ——— | 达摩麝凤蝶
1303 / ——— | 达娜达星弄蝶
1204 / ——— | 达昙灰蝶

0629 / ——— | 大斑阿芬眼蝶
1251 / ——— | 大斑霾灰蝶
1084 / ——— | 大斑铁灰蝶
1028 / ——— | 大斑尾蚬蝶
0500 / ——— | 大斑荫眼蝶
0604 / 1608 | 大波矍眼蝶
0664 / 1631 | 大帛斑蝶
0379 / 1525 | 大翅绢粉蝶
0825 / 1696 | 大二尾蛱蝶
0326 / ——— | 大钩粉蝶
0793 / 1674 | 大红蛱蝶
1310 / ——— | 大襟弄蝶
0651 / 1627 | 大绢斑蝶
0685 / ——— | 大绢蛱蝶
0534 / ——— | 大理石眉眼蝶
0525 / 1574 | 大毛眼蝶
1195 / ——— | 大洒灰蝶
1276 / 1894 | 大伞弄蝶
0813 / 1690 | 大网蛱蝶
0410 / ——— | 大卫粉蝶
0680 / ——— | 大卫绢蛱蝶
1199 / 1832 | 大卫新灰蝶
0806 / 1686 | 大卫蜘蛱蝶
0584 / ——— | 大型林眼蝶
0387 / ——— | 大邑绢粉蝶
0590 / ——— | 大藏矍眼蝶
0405 / 1535 | 大展粉蝶
0862 / 1709 | 大紫蛱蝶
1248 / 1878 | 大紫琉璃灰蝶
1169 / 1819 | 玳灰蝶
0559 / 1586 | 玳眼蝶
0519 / ——— | 带眼蝶
0441 / 1548 | 黛眼蝶
1007 / 1763 | 单环蛱蝶
0618 / ——— | 单瞳山眼蝶
1112 / ——— | 单线金灰蝶
0604 / 1608 | 淡波矍眼蝶
1169 / 1820 | 淡黑玳灰蝶
1155 / 1814 | 淡蓝双尾灰蝶
0531 / ——— | 淡色多眼蝶
0326 / 1507 | 淡色钩粉蝶
1239 / 1870 | 淡纹玄灰蝶

0961 / ——— | 倒钩带蛱蝶

0534 / 1580 | 稻眉眼蝶

1210 / 1840 | 德彩灰蝶

1036 / 1782 | 德锉灰蝶

0131 / ——— | 德罕翠凤蝶

1010 / ——— | 德环蛱蝶

1091 / ——— | 德钦江崎灰蝶

0501 / ——— | 德祥荫眼蝶

0627 / ——— | 狄泰珍眼蝶

0813 / 1688 | 狄网蛱蝶

0817 / 1691 | 帝网蛱蝶

1267 / ——— | 递灿灰蝶

1018 / ——— | 第一小蚬蝶

0432 / 1547 | 睇暮眼蝶

0602 / ——— | 滇矍眼蝶

0838 / ——— | 滇藏闪蛱蝶

0559 / ——— | 颠眼蝶

0636 / ——— | 点红眼蝶

0939 / 1731 | 点蛱蝶

1214 / 1848 | 点尖角灰蝶

1238 / 1868 | 点玄灰蝶

0882 / 1718 | 电蛱蝶

1256 / ——— | 靛灰蝶

1272 / ——— | 雕形伞弄蝶

0401 / ——— | 东北粉蝶

1181 / ——— | 东北梳灰蝶

0758 / ——— | 东北珍蛱蝶

1239 / ——— | 东川玄灰蝶

0401 / 1533 | 东方菜粉蝶

0957 / ——— | 东方带蛱蝶

0299 / 1494 | 东亚豆粉蝶

0754 / 1659 | 东亚福蛱蝶

1172 / 1821 | 东亚燕灰蝶

0525 / 1575 | 斗毛眼蝶

0299 / ——— | 豆粉蝶

1265 / 1889 | 豆灰蝶

1151 / 1812 | 豆粒银线灰蝶

1386 / ——— | 都江堰须弄蝶

1100 / ——— | 都金灰蝶

0921 / ——— | 杜贝翠蛱蝶

0410 / ——— | 杜贝粉蝶

1099 / ——— | 杜氏翠灰蝶

0673 / 1633 | 妒丽紫斑蝶

1197 / ——— | 渡氏洒灰蝶

0768 / 1666 | 蠹叶蛱蝶

1310 / 1904 | 短带襟弄蝶

1016 / ——— | 短带蟠蛱蝶

0050 / ——— | 短尾麝凤蝶

0989 / 1759 | 断环蛱蝶

0953 / 1739 | 断眉线蛱蝶

1407 / 1946 | 断纹黄室弄蝶

0524 / ——— | 多点链眼蝶

0622 / ——— | 多酒眼蝶

0239 / ——— | 多尾凤蝶

0608 / ——— | 多型艳眼蝶

0531 / 1576 | 多眼蝶

1270 / 1891 | 多眼灰蝶

0050 / 1446 | 多姿麝凤蝶

E ›

1254 / ——— | 婀白灰蝶

1261 / 1885 | 婀灰蝶

0944 / 1734 | 婀蛱蝶

1130 / 1804 | 婀伊娆灰蝶

0562 / 1590 | 俄罗斯白眼蝶

0911 / 1727 | 峨眉翠蛱蝶

1289 / ——— | 峨眉大弄蝶

1366 / 1932 | 峨眉酣弄蝶

1131 / ——— | 娥娆灰蝶

0448 / ——— | 厄黛眼蝶

0484 / ——— | 厄目黛眼蝶

1070 / 1794 | 轭灰蝶

0619 / 1613 | 耳环优眼蝶

0854 / ——— | 耳蛱蝶

1273 / ——— | 耳伞弄蝶

0239 / ——— | 二尾凤蝶

0821 / 1696 | 二尾蛱蝶

F ›

1234 / ——— | 珐灰蝶

0735 / 1648 | 珐蛱蝶

0905 / 1726 | 珐琅翠蛱蝶

1273 / ——— | 反缘伞弄蝶

1050 / 1787 | 范赭灰蝶

1111 / ——— | 梵净金灰蝶

1225 / ——— | 方标灰蝶

1021 / 1767 | 方裙褐蚬蝶

1357 / ——— | 方氏飔弄蝶

1013 / ——— | 仿斑伞蛱蝶

0416 / 1539 | 飞龙粉蝶

1261 / ——— | 菲婀灰蝶

1199 / ——— | 菲洒灰蝶

0992 / 1760 | 啡环蛱蝶

1172 / 1823 | 绯烂燕灰蝶

1316 / 1908 | 匪夷捷弄蝶

0739 / 1651 | 斐豹蛱蝶

1329 / ——— | 粉脉白弄蝶

0685 / ——— | 丰绢蛱蝶

1161 / ——— | 凤灰蝶

0821 / ——— | 凤尾蛱蝶

0548 / 1584 | 凤眼蝶

0687 / 1635 | 凤眼方环蝶

1270 / ——— | 佛眼灰蝶

0758 / ——— | 佛珍蛱蝶

1071 / ——— | 伏氏轭灰蝶

0257 / 1486 | 福布绢蝶

0752 / 1659 | 福蛱蝶

1380 / ——— | 福建伊弄蝶

0597 / ——— | 福矍眼蝶

1079 / ——— | 福氏林灰蝶

1193 / ——— | 父洒灰蝶

G ⟩

1252 / ——— | 嘎霾灰蝶

0472 / ——— | 甘萨黛眼蝶

1267 / ——— | 甘肃豆灰蝶

1018 / ——— | 甘肃小蚬蝶

0561 / 1587 | 甘藏白眼蝶

0321 / ——— | 玕粉蝶

0168 / 1462 | 柑橘凤蝶

1052 / ——— | 冈村工灰蝶

1030 / ——— | 高黎贡尾蚬蝶

0453 / 1550 | 高帕黛眼蝶

1174 / 1825 | 高砂燕灰蝶

1084 / ——— | 高山铁灰蝶

1105 / ——— | 高氏金灰蝶

0576 / 1598 | 槁眼蝶

0447 / 1550 | 戈黛眼蝶

0315 / ——— | 格鲁豆粉蝶

0290 / ——— | 镉黄迁粉蝶

1052 / ——— | 工灰蝶

1294 / ——— | 弓带弄蝶

0799 / 1680 | 钩翅眼蛱蝶

0327 / 1508 | 钩粉蝶

0224 / 1477 | 钩凤蝶

1272 / ——— | 钩纹弄蝶

1351 / 1927 | 钩形黄斑弄蝶

0961 / 1744 | 孤斑带蛱蝶

0574 / ——— | 古北拟酒眼蝶

1209 / 1839 | 古灰蝶

1220 / 1855 | 古楼娜灰蝶

1210 / 1841 | 古铜彩灰蝶

1425 / 1956 | 古铜谷弄蝶

0606 / 1608 | 古眼蝶

1155 / ——— | 顾氏双尾灰蝶

1414 / 1949 | 挂墩稻弄蝶

1187 / ——— | 管始灰蝶

0911 / ——— | 广东翠蛱蝶

0989 / ——— | 广东环蛱蝶

0461 / ——— | 广西黛眼蝶

0375 / ——— | 龟井绢粉蝶

1317 / 1909 | 滚边裙弄蝶

H ⟩

0375 / ——— | 哈默绢粉蝶

1007 / ——— | 海环蛱蝶

1097 / ——— | 海伦娜翠灰蝶

1023 / 1773 | 海南暗蚬蝶

0543 / ——— | 海南斑眼蝶

0926 / ——— | 海南翠蛱蝶

1386 / ——— | 海南须弄蝶

0692 / ——— | 海南紫斑环蝶

0604 / ——— | 罕矍眼蝶

1200 / ——— | 罕莱灰蝶

0540 / ——— | 罕眉眼蝶

1368 / ——— | 汉酣弄蝶

1077 / ——— | 何华灰蝶

1350 / 1924 | 河伯锷弄蝶

1427 / 1959	盒纹孔弄蝶
1221 / ———	贺娜灰蝶
0285 / ———	赫宁顿绢蝶
0078 / 1449	褐斑凤蝶
0813 / ———	褐斑网蛱蝶
0910 / ———	褐蓓翠蛱蝶
1286 / ———	褐标绿弄蝶
1286 / ———	褐翅绿弄蝶
0721 / 1641	褐串珠环蝶
0224 / 1477	褐钩凤蝶
0540 / ———	褐眉眼蝶
0812 / ———	褐蜜蛱蝶
0935 / 1731	褐裙玳蛱蝶
1273 / ———	褐伞弄蝶
1360 / 1930	褐陀弄蝶
0422 / 1542	鹤顶粉蝶
0305 / ———	黑缘豆粉蝶
1273 / ———	黑斑伞弄蝶
1364 / ———	黑斑陀弄蝶
0500 / ———	黑斑荫眼蝶
1402 / ———	黑豹弄蝶
0405 / ———	黑边粉蝶
0576 / ———	黑边榼眼蝶
0387 / ———	黑边绢粉蝶
1317 / 1909	黑边裙弄蝶
1427 / 1959	黑标孔弄蝶
0501 / ———	黑翅荫眼蝶
0452 / ———	黑带黛眼蝶
1067 / ———	黑带华灰蝶
1349 / ———	黑点锷弄蝶
1349 / 1923	黑锷弄蝶
0825 / ———	黑凤尾蛱蝶
1368 / ———	黑酣弄蝶
1214 / 1848	黑灰蝶
0295 / 1494	黑角方粉蝶
1111 / ———	黑角金灰蝶
0940 / ———	黑角律蛱蝶
0651 / ———	黑绢斑蝶
0680 / ———	黑绢蛱蝶
1329 / ———	黑脉白弄蝶
0871 / 1711	黑脉蛱蝶
0397 / 1529	黑脉园粉蝶

1409 / ———	黑脉长标弄蝶
1220 / ———	黑娜灰蝶
1316 / 1907	黑弄蝶
1372 / ———	黑色钩弄蝶
0561 / 1589	黑纱白眼蝶
1013 / ———	黑条伞蛱蝶
1084 / ———	黑铁灰蝶
1240 / 1872	黑丸灰蝶
0819 / 1693	黑网蛱蝶
0405 / 1535	黑纹粉蝶
1432 / ———	黑纹珂弄蝶
0552 / ———	黑眼蝶
1031 / 1781	黑燕尾蚬蝶
0735 / ———	黑缘珐蛱蝶
1077 / ———	黑缘何华灰蝶
0887 / 1720	黑缘丝蛱蝶
1299 / 1901	黑泽星弄蝶
0667 / ———	黑紫斑蝶
0862 / 1710	黑紫蛱蝶
0616 / ———	横波晴眼蝶
0950 / 1737	横眉线蛱蝶
0896 / ———	红斑翠蛱蝶
0355 / 1520	红翅尖粉蝶
0902 / ———	红点翠蛱蝶
0305 / ———	红黑豆粉蝶
1201 / 1834	红灰蝶
0110 / 1456	红基美凤蝶
0344 / 1516	红肩斑粉蝶
0359 / ———	红肩锯粉蝶
0426 / 1543	红襟粉蝶
0728 / 1644	红锯蛱蝶
0742 / ———	红老豹蛱蝶
0619 / ———	红鲁眼蝶
1395 / 1940	红弄蝶
0896 / 1724	红裙边翠蛱蝶
0617 / 1612	红裙边明眸眼蝶
0203 / 1473	红绶绿凤蝶
1031 / 1780	红秃尾蚬蝶
0949 / 1736	红线蛱蝶
0634 / ———	红眼蝶
1174 / ———	红燕灰蝶
0334 / ———	红腋斑粉蝶

0074 / 1447 ｜ 红珠凤蝶	1224 / ——— ｜ 黄波灰蝶
1268 / 1890 ｜ 红珠灰蝶	0567 / 1592 ｜ 黄衬云眼蝶
0257 / 1485 ｜ 红珠绢蝶	0910 / ——— ｜ 黄翅翠蛱蝶
0597 / ——— ｜ 虹矍眼蝶	0379 / ——— ｜ 黄翅绢粉蝶
1252 / 1881 ｜ 胡麻霾灰蝶	0525 / ——— ｜ 黄翅毛眼蝶
0522 / ——— ｜ 胡塔斯带眼蝶	1344 / ——— ｜ 黄翅银弄蝶
1107 / ——— ｜ 糊金灰蝶	0905 / ——— ｜ 黄带翠蛱蝶
0642 / 1624 ｜ 虎斑蝶	0447 / ——— ｜ 黄带黛眼蝶
1069 / 1794 ｜ 虎斑灰蝶	0548 / 1584 ｜ 黄带凤眼蝶
0237 / ——— ｜ 虎凤蝶	1021 / 1768 ｜ 黄带褐蚬蝶
0831 / ——— ｜ 花斑鳌蛱蝶	0842 / ——— ｜ 黄带铠蛱蝶
0802 / 1683 ｜ 花豹盛蛱蝶	0432 / ——— ｜ 黄带暮眼蝶
1306 / ——— ｜ 花窗弄蝶	1294 / ——— ｜ 黄带弄蝶
1335 / ——— ｜ 花卡弄蝶	1383 / ——— ｜ 黄带琦弄蝶
1333 / 1917 ｜ 花弄蝶	0433 / ——— ｜ 黄带污斑眼蝶
1360 / ——— ｜ 花裙陀弄蝶	1346 / ——— ｜ 黄点银弄蝶
0581 / ——— ｜ 花岩眼蝶	0790 / 1673 ｜ 黄钩蛱蝶
0561 / 1588 ｜ 华北白眼蝶	0624 / ——— ｜ 黄褐酒眼蝶
0926 / ——— ｜ 华东翠蛱蝶	1000 / 1762 ｜ 黄环蛱蝶
1067 / ——— ｜ 华灰蝶	0524 / 1573 ｜ 黄环链眼蝶
0461 / ——— ｜ 华山黛眼蝶	1054 / 1789 ｜ 黄灰蝶
1206 / 1837 ｜ 华山呃灰蝶	0426 / 1542 ｜ 黄尖襟粉蝶
0814 / ——— ｜ 华网蛱蝶	0735 / 1648 ｜ 黄襟蛱蝶
0561 / ——— ｜ 华西白眼蝶	1310 / 1904 ｜ 黄襟弄蝶
0763 / ——— ｜ 华西宝蛱蝶	0618 / ——— ｜ 黄襟山眼蝶
0468 / ——— ｜ 华西黛眼蝶	0887 / 1721 ｜ 黄绢坎蛱蝶
0703 / 1639 ｜ 华西箭环蝶	0638 / ——— ｜ 黄眶红眼蝶
1431 / 1960 ｜ 华西孔弄蝶	1360 / ——— ｜ 黄毛陀弄蝶
1263 / 1886 ｜ 华夏爱灰蝶	1403 / ——— ｜ 黄弄蝶
0210 / ——— ｜ 华夏剑凤蝶	0624 / ——— ｜ 黄裙酒眼蝶
0604 / ——— ｜ 华夏矍眼蝶	0397 / ——— ｜ 黄裙园粉蝶
0848 / 1703 ｜ 环带迷蛱蝶	0799 / 1678 ｜ 黄裳眼蛱蝶
1184 / ——— ｜ 环梳灰蝶	1382 / 1938 ｜ 黄裳肿脉弄蝶
0667 / ——— ｜ 幻紫斑蝶	1299 / ——— ｜ 黄射纹星弄蝶
0777 / 1668 ｜ 幻紫斑蛱蝶	1335 / ——— ｜ 黄饰弄蝶
1366 / 1932 ｜ 黄斑酣弄蝶	0859 / 1708 ｜ 黄帅蛱蝶
1390 / 1939 ｜ 黄斑蕉弄蝶	1360 / 1931 ｜ 黄条陀弄蝶
1351 / 1926 ｜ 黄斑弄蝶	0911 / ——— ｜ 黄铜翠蛱蝶
0500 / 1568 ｜ 黄斑荫眼蝶	0910 / ——— ｜ 黄网翠蛱蝶
1345 / 1921 ｜ 黄斑银弄蝶	0514 / ——— ｜ 黄网眼蝶
1398 / ——— ｜ 黄斑赭弄蝶	1426 / 1956 ｜ 黄纹孔弄蝶
0802 / 1682 ｜ 黄豹盛蛱蝶	1409 / 1947 ｜ 黄纹长标弄蝶

1303 / ——— | 黄星弄蝶
1384 / ——— | 黄须弄蝶
0501 / 1569 | 黄荫眼蝶
1151 / 1813 | 黄银线灰蝶
0781 / ——— | 黄缘蛱蝶
1398 / ——— | 黄赭弄蝶
0999 / ——— | 黄重环蛱蝶
0721 / 1642 | 灰翅串珠环蝶
0636 / ——— | 灰翅红眼蝶
0043 / ——— | 灰绒麝凤蝶
0983 / 1757 | 回环蛱蝶
0231 / ——— | 喙凤蝶
1387 / ——— | 火脉弄蝶
1030 / ——— | 霍尾蚬蝶

J >

1345 / 1921 | 基点银弄蝶
0957 / ——— | 畸带蛱蝶
0777 / ——— | 畸纹紫斑蛱蝶
1334 / ——— | 吉点弄蝶
1230 / ——— | 吉灰蝶
1166 / 1818 | 吉蒲灰蝶
0871 / 1713 | 蒺藜纹脉蛱蝶
0953 / ——— | 戟眉线蛱蝶
1107 / 1797 | 加布雷金灰蝶
0910 / 1726 | 嘉翠蛱蝶
1323 / ——— | 蛱型飒弄蝶
0896 / 1725 | 尖翅翠蛱蝶
1407 / ——— | 尖翅黄室弄蝶
1205 / ——— | 尖翅貉灰蝶
1283 / 1896 | 尖翅弄蝶
0700 / ——— | 尖翅纹环蝶
1297 / ——— | 尖翅小星弄蝶
1042 / 1785 | 尖翅银灰蝶
0326 / ——— | 尖钩粉蝶
1225 / ——— | 尖灰蝶
0319 / 1501 | 尖角黄粉蝶
1214 / ——— | 尖角灰蝶
0472 / 1558 | 尖尾黛眼蝶
1294 / ——— | 简纹带弄蝶
0703 / 1638 | 箭环蝶
0548 / 1583 | 箭纹粉眼蝶

0368 / ——— | 箭纹绢粉蝶
0414 / 1538 | 箭纹云粉蝶
1091 / ——— | 江崎灰蝶
1107 / 1797 | 江崎金灰蝶
0599 / ——— | 江崎矍眼蝶
1195 / ——— | 江崎洒灰蝶
1376 / 1937 | 姜弄蝶
1314 / 1906 | 角翅弄蝶
1146 / ——— | 截灰蝶
0642 / 1625 | 金斑蝶
0231 / ——— | 金斑喙凤蝶
0777 / 1667 | 金斑蛱蝶
0211 / ——— | 金斑剑凤蝶
1413 / ——— | 金斑弄蝶
1267 / ——— | 金川豆灰蝶
1282 / ——— | 金带趾弄蝶
0314 / ——— | 金豆粉蝶
0168 / 1463 | 金凤蝶
1077 / ——— | 金佛山何华灰蝶
0992 / ——— | 金环蛱蝶
1099 / ——— | 金灰蝶
0810 / 1688 | 金堇蛱蝶
0844 / 1701 | 金铠蛱蝶
1015 / 1766 | 金蟠蛱蝶
0022 / 1443 | 金裳凤蝶
1184 / ——— | 金梳灰蝶
1432 / ——— | 金缘珂弄蝶
0379 / ——— | 金子绢粉蝶
1333 / ——— | 锦葵花弄蝶
0891 / 1722 | 锦瑟蛱蝶
1320 / 1912 | 锦瑟弄蝶
1421 / ——— | 近赭谷弄蝶
0687 / 1635 | 惊恐方环蝶
1049 / ——— | 精灰蝶
1189 / ——— | 井上洒灰蝶
1398 / ——— | 净裙赭弄蝶
0624 / ——— | 酒眼蝶
1299 / 1902 | 菊星弄蝶
0689 / ——— | 矩环蝶
0379 / ——— | 巨翅绢粉蝶
0613 / 1612 | 巨睛舜眼蝶
0790 / ——— | 巨型钩蛱蝶

0359 / 1521 | 锯粉蝶
1215 / 1849 | 锯灰蝶
0492 / 1565 | 锯纹黛眼蝶
0375 / ——— | 锯纹绢粉蝶
0430 / ——— | 锯纹小粉蝶
0652 / 1629 | 绢斑蝶
0363 / 1522 | 绢粉蝶
0680 / 1634 | 绢蛱蝶
0587 / 1602 | 绢眼蝶
0590 / 1603 | 矍眼蝶
0258 / 1488 | 君主绢蝶
0534 / 1581 | 君主眉眼蝶
0819 / ——— | 菌网蛱蝶

K >

1228 / 1861 | 咖灰蝶
1113 / ——— | 喀巴利金灰蝶
0618 / ——— | 喀什山眼蝶
0989 / ——— | 卡环蛱蝶
1180 / ——— | 卡灰蝶
0487 / ——— | 卡米拉黛眼蝶
0524 / ——— | 卡特链眼蝶
0526 / ——— | 铠毛眼蝶
1092 / ——— | 刊灰蝶
0461 / ——— | 康定黛眼蝶
1100 / ——— | 康定金灰蝶
0488 / ——— | 康藏黛眼蝶
1184 / ——— | 考梳灰蝶
1122 / 1801 | 考艳灰蝶
0983 / 1756 | 珂环蛱蝶
1053 / 1788 | 珂灰蝶
1432 / 1960 | 珂弄蝶
1393 / ——— | 柯玛弄蝶
1078 / ——— | 柯氏林灰蝶
1161 / 1816 | 克灰蝶
0401 / 1534 | 克莱粉蝶
0159 / ——— | 克里翠凤蝶
1346 / ——— | 克理银弄蝶
0785 / ——— | 克什米尔麻蛱蝶
0199 / ——— | 客纹凤蝶
0602 / ——— | 孔矍眼蝶
0784 / 1670 | 孔雀蛱蝶

0277 / 1490 | 孔雀绢蝶
0905 / ——— | 孔子翠蛱蝶
1404 / 1945 | 孔子黄室弄蝶
1256 / ——— | 扣靛灰蝶
1235 / ——— | 枯灰蝶
0767 / 1663 | 枯叶蛱蝶
0410 / ——— | 库茨粉蝶
1368 / ——— | 库酣弄蝶
1252 / ——— | 库氏霾灰蝶
1126 / ——— | 夸父璀灰蝶
0319 / 1502 | 宽边黄粉蝶
1042 / ——— | 宽边银灰蝶
1396 / ——— | 宽边赭弄蝶
0461 / 1553 | 宽带黛眼蝶
0092 / 1451 | 宽带凤蝶
0182 / 1466 | 宽带青凤蝶
1239 / ——— | 宽带玄灰蝶
1173 / ——— | 宽带燕灰蝶
1350 / 1924 | 宽锷弄蝶
0983 / 1757 | 宽环蛱蝶
0083 / 1450 | 宽尾凤蝶
1407 / ——— | 宽纹黄室弄蝶
1375 / 1935 | 宽纹袖弄蝶
1106 / ——— | 宽缘金灰蝶

L >

0314 / ——— | 拉豆粉蝶
1145 / 1811 | 拉拉山斑灰蝶
1112 / ——— | 拉拉山金灰蝶
1267 / ——— | 喇灿灰蝶
1018 / ——— | 喇嘛小蚬蝶
0277 / ——— | 蜡贝绢蝶
1388 / ——— | 蜡痣弄蝶
1162 / 1816 | 莱灰蝶
1364 / ——— | 徕陀弄蝶
1245 / ——— | 赖灰蝶
1064 / 1792 | 癞灰蝶
0355 / ——— | 兰姬尖粉蝶
0355 / ——— | 兰西尖粉蝶
0512 / 1570 | 蓝斑丽眼蝶
0940 / 1733 | 蓝豹律蛱蝶
1085 / ——— | 蓝仓灰蝶

0689 / ———	蓝带矩环蝶	1184 / ———	里奇梳灰蝶
0767 / 1664	蓝带枯叶蛱蝶	1121 / ———	里奇艳灰蝶
1252 / 1880	蓝底霾灰蝶	1152 / ———	里奇银线灰蝶
0667 / 1631	蓝点紫斑蝶	1200 / 1833	丽罕莱灰蝶
1100 / ———	蓝都金灰蝶	0893 / 1723	丽蛱蝶
0103 / 1454	蓝凤蝶	1363 / ———	丽江陀弄蝶
1235 / 1866	蓝灰蝶	0613 / ———	丽舜眼蝶
0277 / ———	蓝精灵绢蝶	0350 / 1517	利比尖粉蝶
1228 / 1861	蓝咖灰蝶	0387 / 1526	利箭绢粉蝶
0551 / 1584	蓝穹眼蝶	1413 / ———	莉娜长标弄蝶
1131 / ———	蓝娆灰蝶	0844 / ———	栗铠蛱蝶
1240 / 1872	蓝丸灰蝶	0452 / 1550	傈僳黛眼蝶
1173 / 1824	蓝燕灰蝶	0593 / ———	连斑矍眼蝶
1258 / ———	烂僖灰蝶	0905 / ———	连平翠蛱蝶
0567 / 1593	劳彼云眼蝶	0457 / 1551	连纹黛眼蝶
0742 / 1653	老豹蛱蝶	0998 / ———	莲花环蛱蝶
1050 / ———	老山赭灰蝶	0258 / 1488	联珠绢蝶
0368 / 1524	酪色绢粉蝶	0910 / ———	链斑翠蛱蝶
1113 / ———	雷公山金灰蝶	1007 / 1764	链环蛱蝶
0812 / ———	雷蜜蛱蝶	1339 / 1920	链弄蝶
0350 / 1519	雷震尖粉蝶	1229 / 1862	亮灰蝶
0878 / 1716	累积蛱蝶	1112 / 1798	裂斑金灰蝶
1068 / 1793	冷灰蝶	0998 / 1761	林环蛱蝶
0965 / 1746	离斑带蛱蝶	1079 / ———	林灰蝶
0290 / 1493	梨花迁粉蝶	0889 / ———	林蛱蝶
1257 / 1883	黎戈灰蝶	0613 / ———	林区舜眼蝶
0978 / ———	黎蛱蝶	1105 / ———	林氏金灰蝶
0712 / ———	黎箭环蝶	0587 / ———	林眼蝶
0311 / 1498	黎明豆粉蝶	0355 / 1520	灵奇尖粉蝶
0602 / ———	黎桑矍眼蝶	0993 / ———	羚环蛱蝶
1419 / 1952	黎氏刺胫弄蝶	1246 / 1876	琉璃灰蝶
1126 / 1802	黎氏璀灰蝶	0788 / 1671	琉璃蛱蝶
0182 / ———	黎氏青凤蝶	0314 / ———	镏金豆粉蝶
0814 / ———	黎氏网蛱蝶	0837 / 1699	柳紫闪蛱蝶
0305 / ———	黧豆粉蝶	0965 / 1745	六点带蛱蝶
1195 / ———	礼洒灰蝶	0555 / ———	龙女锯眼蝶
1184 / ———	李老梳灰蝶	1143 / 1809	鹿灰蝶
1290 / ———	李氏大弄蝶	0737 / 1649	辘蛱蝶
0453 / ———	李氏黛眼蝶	1261 / ———	璐婀灰蝶
1181 / ———	李氏梳灰蝶	1069 / 1794	璐灰蝶
1357 / ———	李氏飔弄蝶	0602 / ———	鹭矍眼蝶
1181 / ———	李梳灰蝶	1018 / ———	露娅小蚬蝶

1152 / 1813 | 露银线灰蝶
1215 / 1850 | 峦太锯灰蝶
0457 / 1551 | 李斑黛眼蝶
1363 / ——— | 栾川陀弄蝶
0759 / ——— | 卵珍蛱蝶
0597 / ——— | 乱云矍眼蝶
0465 / ——— | 罗丹黛眼蝶
0584 / ——— | 罗哈林眼蝶
0852 / 1705 | 罗蛱蝶
0613 / ——— | 罗克舜眼蝶
0452 / ——— | 罗氏黛眼蝶
0819 / 1692 | 罗网蛱蝶
1257 / 1884 | 珞灰蝶
1387 / ——— | 珞弄蝶
0971 / 1749 | 缕蛱蝶
0626 / 1616 | 绿斑珍眼蝶
0739 / 1650 | 绿豹蛱蝶
0902 / ——— | 绿翠蛱蝶
0131 / 1458 | 绿带翠凤蝶
0178 / 1464 | 绿带燕凤蝶
0203 / 1472 | 绿凤蝶
1171 / 1821 | 绿灰蝶
1393 / ——— | 绿玛弄蝶
1286 / 1897 | 绿弄蝶
0935 / ——— | 绿裙玳蛱蝶
0934 / 1730 | 绿裙蛱蝶
1276 / ——— | 绿伞弄蝶
1360 / ——— | 绿陀弄蝶
0414 / 1536 | 绿云粉蝶

M >

1173 / 1824 | 麻燕灰蝶
0363 / 1523 | 马丁绢粉蝶
0921 / ——— | 马拉巴翠蛱蝶
0522 / ——— | 马森带眼蝶
1359 / 1930 | 马苏陀弄蝶
0476 / 1560 | 马太黛眼蝶
0999 / ——— | 玛环蛱蝶
1137 / 1806 | 玛灰蝶
1404 / ——— | 玛拉黄室弄蝶
0526 / 1575 | 玛毛眼蝶
1156 / ——— | 玛乃灰蝶

1393 / 1940 | 玛弄蝶
1252 / ——— | 霾灰蝶
0562 / ——— | 曼丽白眼蝶
0930 / ——— | 芒翠蛱蝶
0868 / 1710 | 芒蛱蝶
0203 / ——— | 芒绿凤蝶
0875 / 1714 | 猫蛱蝶
1311 / 1905 | 毛脉弄蝶
1289 / ——— | 毛刷大弄蝶
1233 / 1865 | 毛眼灰蝶
0897 / ——— | 矛翠蛱蝶
0998 / ——— | 矛环蛱蝶
1139 / ——— | 昂灰蝶
0993 / ——— | 茂环蛱蝶
0320 / ——— | 么妹黄粉蝶
0998 / ——— | 玫环蛱蝶
1246 / 1875 | 玫灰蝶
1072 / ——— | 梅尔何华灰蝶
0110 / 1455 | 美凤蝶
1061 / ——— | 美黄灰蝶
1249 / 1879 | 美姬灰蝶
1344 / ——— | 美丽银弄蝶
1210 / 1843 | 美男彩灰蝶
0103 / ——— | 美姝凤蝶
0796 / 1676 | 美眼蛱蝶
0752 / ——— | 镁斑豹蛱蝶
0416 / 1540 | 妹粉蝶
1043 / ——— | 媚诗灰蝶
0457 / ——— | 门左黛眼蝶
0379 / ——— | 蒙蓓绢粉蝶
0622 / 1613 | 蒙古酒眼蝶
0501 / 1568 | 蒙链荫眼蝶
0984 / 1758 | 弥环蛱蝶
0519 / ——— | 迷带眼蝶
0848 / 1701 | 迷蛱蝶
0492 / 1566 | 迷纹黛眼蝶
1282 / 1896 | 迷趾弄蝶
0448 / ——— | 米勒黛眼蝶
1019 / ——— | 米诺小蚬蝶
0477 / ——— | 米纹黛眼蝶
1310 / ——— | 密带襟弄蝶
0817 / ——— | 密点网蛱蝶

0540 / ——— | 密纱眉眼蝶
0599 / 1606 | 密纹矍眼蝶
1323 / ——— | 密纹飒弄蝶
0804 / ——— | 冕豹盛蛱蝶
1131 / 1804 | 缅甸娆灰蝶
1189 / ——— | 岷山洒灰蝶
0877 / 1715 | 明窗蛱蝶
1306 / ——— | 明窗弄蝶
0926 / ——— | 明带翠蛱蝶
0447 / ——— | 明带黛眼蝶
0617 / ——— | 明眸眼蝶
0844 / ——— | 模铠蛱蝶
1211 / 1844 | 摩来彩灰蝶
0514 / ——— | 摩氏黄网眼蝶
0599 / ——— | 魔女矍眼蝶
1248 / ——— | 莫琉璃灰蝶
0430 / ——— | 莫氏小粉蝶
1204 / ——— | 貉灰蝶
1306 / ——— | 墨脱窗弄蝶
1408 / 1946 | 墨子黄室弄蝶
0673 / ——— | 默紫斑蝶
0190 / 1469 | 木兰青凤蝶
0626 / 1615 | 牧女珍眼蝶
0432 / 1546 | 暮眼蝶
1251 / ——— | 穆灰蝶
0978 / 1752 | 穆蛱蝶

N >

0844 / ——— | 那铠蛱蝶
0998 / ——— | 那拉环蛱蝶
0092 / ——— | 衲补凤蝶
0992 / ——— | 娜巴环蛱蝶
0983 / 1757 | 娜环蛱蝶
0567 / 1593 | 娜里云眼蝶
1179 / 1827 | 娜生灰蝶
1174 / ——— | 奈燕灰蝶
1195 / 1830 | 南风洒灰蝶
1184 / ——— | 南岭梳灰蝶
1363 / 1931 | 南岭陀弄蝶
0559 / ——— | 南亚玳眼蝶
1420 / 1954 | 南亚谷弄蝶
0190 / ——— | 南亚青凤蝶

1320 / 1911 | 南洋裙弄蝶
0984 / ——— | 瑙环蛱蝶
0344 / 1515 | 内黄斑粉蝶
1180 / 1827 | 尼采梳灰蝶
0315 / ——— | 尼娜豆粉蝶
0804 / ——— | 霓豹盛蛱蝶
1173 / ——— | 霓纱燕灰蝶
0871 / 1712 | 拟斑脉蛱蝶
0447 / ——— | 拟彩斑黛眼蝶
0534 / ——— | 拟稻眉眼蝶
1369 / 1933 | 拟槁琵弄蝶
1407 / 1945 | 拟黄室弄蝶
0953 / ——— | 拟戟眉线蛱蝶
0971 / ——— | 拟缕蛱蝶
0868 / ——— | 拟芒蛱蝶
0533 / ——— | 拟裴眉眼蝶
1197 / ——— | 拟饰洒灰蝶
0599 / 1606 | 拟四眼矍眼蝶
0500 / ——— | 拟网纹荫眼蝶
1417 / 1951 | 拟籼弄蝶
0661 / 1630 | 拟旖斑蝶
0902 / ——— | 拟鹰翠蛱蝶
1393 / ——— | 拟珠玛弄蝶
1239 / 1871 | 拟竹都玄灰蝶
0921 / 1728 | 捻带翠蛱蝶
0510 / ——— | 宁眼蝶
0110 / ——— | 牛郎凤蝶
1242 / 1873 | 钮灰蝶
1181 / ——— | 浓蓝梳灰蝶
1209 / 1840 | 浓紫彩灰蝶
1395 / ——— | 弄蝶
1084 / ——— | 怒和铁灰蝶
1431 / ——— | 怒江孔弄蝶
0037 / 1445 | 暖曙凤蝶
0305 / ——— | 女神豆粉蝶

O >

1352 / 1929 | 讴弄蝶
0810 / ——— | 欧堇蛱蝶
1335 / ——— | 欧饰弄蝶
0400 / 1531 | 欧洲粉蝶
0745 / ——— | 欧洲小豹蛱蝶

0856 / ——— | 偶点白蛱蝶
1404 / ——— | 偶侣弄蝶

P >

0893 / 1723 | 耙蛱蝶
0494 / ——— | 帕德拉荫眼蝶
0355 / 1519 | 帕帝尖粉蝶
1368 / ——— | 帕酣弄蝶
1113 / ——— | 帕金灰蝶
0465 / 1554 | 帕拉黛眼蝶
1353 / ——— | 帕弄蝶
0742 / 1654 | 潘豹蛱蝶
0627 / 1617 | 潘非珍眼蝶
1087 / 1795 | 磐灰蝶
0453 / ——— | 蟠纹黛眼蝶
1206 / 1838 | 庞呃灰蝶
1382 / ——— | 庞氏肿脉弄蝶
0533 / 1578 | 裴斯眉眼蝶
1221 / ——— | 佩灰蝶
1408 / ——— | 蓬莱黄室弄蝶
0426 / 1543 | 皮氏尖襟粉蝶
1384 / ——— | 毗弄蝶
1369 / ——— | 琵弄蝶
0646 / ——— | 骈纹青斑蝶
0534 / 1579 | 平顶眉眼蝶
1106 / ——— | 苹果金灰蝶
1190 / 1830 | 苹果洒灰蝶
0617 / ——— | 苹色明眸眼蝶
0921 / 1727 | 珀翠蛱蝶
1157 / 1816 | 珀灰蝶
1052 / ——— | 菩萨工灰蝶
0622 / ——— | 菩萨酒眼蝶
1400 / 1943 | 菩提赭弄蝶
1167 / ——— | 蒲灰蝶
1186 / ——— | 璞齿灰蝶
0835 / ——— | 璞蛱蝶
1049 / 1787 | 璞精灰蝶
0640 / 1622 | 朴喙蝶
1299 / 1901 | 埔里星弄蝶
0501 / ——— | 普拉荫眼蝶
0487 / ——— | 普里黛眼蝶
1190 / 1829 | 普洒灰蝶

1186 / ——— | 普氏齿灰蝶
0278 / ——— | 普氏绢蝶
0599 / ——— | 普氏矍眼蝶
1181 / ——— | 普梳灰蝶
0368 / 1524 | 普通绢粉蝶
0817 / ——— | 普网蛱蝶
1265 / 1889 | 普紫灰蝶

Q >

1427 / 1958 | 奇莱孔弄蝶
1130 / ——— | 奇娆灰蝶
0457 / ——— | 奇纹黛眼蝶
1019 / ——— | 歧纹小蚬蝶
0290 / 1492 | 迁粉蝶
0785 / 1670 | 荨麻蛱蝶
1345 / ——— | 前进银弄蝶
0593 / 1605 | 前雾矍眼蝶
1078 / ——— | 黔何华灰蝶
0305 / ——— | 浅橙豆粉蝶
1068 / ——— | 浅蓝华灰蝶
1294 / ——— | 嵌带弄蝶
0949 / ——— | 巧克力线蛱蝶
1122 / ——— | 亲艳灰蝶
1010 / ——— | 秦菲蛱蝶
0638 / ——— | 秦岭红眼蝶
1101 / ——— | 秦岭金灰蝶
0368 / 1525 | 秦岭绢粉蝶
1363 / ——— | 秦岭陀弄蝶
0646 / 1626 | 青斑蝶
0746 / 1656 | 青豹蛱蝶
0422 / ——— | 青粉蝶
0182 / 1467 | 青凤蝶
1066 / 1792 | 青灰蝶
1270 / ——— | 青眼灰蝶
0397 / 1530 | 青园粉蝶
1113 / ——— | 清金金灰蝶
1218 / ——— | 檠灰蝶
0819 / 1692 | 庆网蛱蝶
0131 / 1458 | 穹翠凤蝶
0957 / 1740 | 虬眉带蛱蝶
0765 / ——— | 曲斑珠蛱蝶
0838 / 1700 | 曲带闪蛱蝶

1294 / ———	曲纹带弄蝶
0477 / 1563	曲纹黛眼蝶
1414 / 1950	曲纹稻弄蝶
1407 / ———	曲纹黄室弄蝶
1217 / 1852	曲纹拓灰蝶
1375 / 1935	曲纹袖弄蝶
0749 / 1657	曲纹银豹蛱蝶
0806 / 1686	曲纹蜘蛱蝶
1265 / 1888	曲纹紫灰蝶

R >

0050 / ———	娆麝凤蝶
0580 / 1599	仁眼蝶
1096 / ———	日本翠灰蝶
1130 / ———	日本娆灰蝶
1426 / ———	融纹孔弄蝶
0405 / ———	偌思粉蝶

S >

0344 / ———	洒青斑粉蝶
1105 / ———	萨金灰蝶
1126 / ———	萨艳灰蝶
1363 / ———	赛陀弄蝶
0616 / ———	赛兹晴眼蝶
1279 / 1895	三斑趾弄蝶
1146 / ———	三滴灰蝶
1143 / 1809	三点桠灰蝶
1351 / ———	三黄斑弄蝶
0392 / ———	三黄绢粉蝶
0239 / 1480	三尾凤蝶
1144 / 1810	三尾灰蝶
1184 / ———	三尾梳灰蝶
1333 / ———	三纹花弄蝶
0477 / ———	三楔黛眼蝶
1070 / ———	三枝灰蝶
0921 / ———	散斑翠蛱蝶
0802 / 1681	散纹盛蛱蝶
1217 / 1852	散纹拓灰蝶
1260 / ———	扫灰蝶
0646 / 1626	啬青斑蝶
0999 / ———	森环蛱蝶
0636 / ———	森林红眼蝶

0695 / ———	森下交脉环蝶
0315 / 1500	砂豆粉蝶
1210 / 1842	莎菲彩灰蝶
1210 / ———	莎罗彩灰蝶
1334 / 1919	筛点弄蝶
0562 / ———	山地白眼蝶
1425 / ———	山地谷弄蝶
0305 / 1498	山豆粉蝶
1236 / ———	山灰蝶
1031 / ———	山尾蚬蝶
1248 / 1879	杉谷琉璃灰蝶
1064 / ———	杉山癞灰蝶
1099 / ———	闪光翠灰蝶
1111 / 1797	闪光金灰蝶
0554 / ———	闪紫锯眼蝶
1051 / 1788	陕灰蝶
0930 / ———	陕西翠蛱蝶
0534 / 1579	上海眉眼蝶
0375 / ———	上田绢粉蝶
0022 / 1442	裳凤蝶
1022 / 1770	蛇目褐蚬蝶
0476 / 1562	蛇神黛眼蝶
0571 / 1595	蛇眼蝶
0799 / 1679	蛇眼蛱蝶
1345 / ———	射线银弄蝶
0043 / 1446	麝凤蝶
1171 / ———	深山玳灰蝶
0468 / 1555	深山黛眼蝶
1332 / 1916	深山珠弄蝶
0211 / 1476	升天剑凤蝶
1179 / 1826	生灰蝶
0488 / ———	圣母黛眼蝶
1043 / 1786	诗灰蝶
0611 / ———	十目舜眼蝶
0652 / 1628	史氏绢斑蝶
1187 / ———	始灰蝶
1396 / 1941	似小赭弄蝶
1197 / 1830	饰洒灰蝶
0577 / 1598	寿眼蝶
1313 / 1906	梳翅弄蝶
1181 / ———	梳灰蝶
0554 / ———	疏星锯眼蝶

1303 / ——— | 疏星弄蝶
1199 / ——— | 鼠李新灰蝶
0037 / 1444 | 曙凤蝶
0315 / 1499 | 曙红豆粉蝶
1419 / ——— | 刷翅刺胫弄蝶
1314 / 1906 | 刷胫弄蝶
0859 / 1708 | 帅蛱蝶
1279 / 1895 | 双斑趾弄蝶
0673 / 1633 | 双标紫斑蝶
1294 / 1899 | 双带弄蝶
0957 / 1741 | 双色带蛱蝶
0574 / ——— | 双色拟酒眼蝶
1380 / ——— | 双色伊弄蝶
1339 / ——— | 双色舟弄蝶
1155 / 1814 | 双尾灰蝶
0703 / ——— | 双星箭环蝶
0577 / ——— | 双星寿眼蝶
1368 / ——— | 双子酣弄蝶
1427 / ——— | 硕孔弄蝶
0989 / ——— | 司环蛱蝶
0235 / 1478 | 丝带凤蝶
0501 / 1569 | 丝链荫眼蝶
0712 / ——— | 斯巴达星箭环蝶
1333 / ——— | 斯拜尔花弄蝶
1206 / 1839 | 斯旦呃灰蝶
1372 / ——— | 斯氏暗弄蝶
0457 / ——— | 斯斯黛眼蝶
0401 / ——— | 斯坦粉蝶
0314 / ——— | 斯托豆粉蝶
0410 / 1536 | 斯托粉蝶
0608 / ——— | 斯艳眼蝶
1077 / ——— | 四川何华灰蝶
0210 / 1474 | 四川剑凤蝶
0285 / ——— | 四川绢蝶
1326 / ——— | 四川飒弄蝶
1300 / ——— | 四川星弄蝶
0368 / ——— | 四姑娘绢粉蝶
1019 / ——— | 四季拉小蚬蝶
0604 / ——— | 四目矍眼蝶
0584 / 1602 | 四射林眼蝶
1427 / ——— | 松井孔弄蝶

1357 / ——— | 飕弄蝶
1112 / ——— | 苏金灰蝶
1066 / ——— | 苏氏青灰蝶
1137 / 1807 | 酥灰蝶
0974 / 1752 | 肃蛱蝶
1096 / ——— | 素翠灰蝶
0961 / ——— | 素靛带蛱蝶
0622 / ——— | 素红酒眼蝶
0441 / ——— | 素拉黛眼蝶
1379 / 1938 | 素弄蝶
0554 / ——— | 素裙锯眼蝶
0880 / 1717 | 素饰蛱蝶
1226 / 1859 | 素雅灰蝶
1398 / ——— | 素赭弄蝶
0190 / 1468 | 碎斑青凤蝶
0983 / 1756 | 娑环蛱蝶
1204 / 1836 | 梭尔昙灰蝶
1268 / ——— | 索红珠灰蝶
1134 / ——— | 锁铠花灰蝶

T >

1211 / 1847 | 塔彩灰蝶
1135 / ——— | 塔灰蝶
1199 / ——— | 塔洒灰蝶
1151 / ——— | 塔银线灰蝶
1254 / 1883 | 台湾白灰蝶
0856 / 1707 | 台湾白蛱蝶
0543 / 1583 | 台湾斑眼蝶
1096 / 1796 | 台湾翠灰蝶
0930 / 1729 | 台湾翠蛱蝶
0110 / 1456 | 台湾凤蝶
0326 / 1508 | 台湾钩粉蝶
1068 / 1792 | 台湾华灰蝶
0992 / 1761 | 台湾环蛱蝶
1061 / 1790 | 台湾黄灰蝶
0597 / ——— | 台湾矍眼蝶
1426 / 1957 | 台湾孔弄蝶
0083 / 1450 | 台湾宽尾凤蝶
0159 / 1461 | 台湾琉璃翠凤蝶
1197 / 1831 | 台湾洒灰蝶
1326 / 1913 | 台湾飒弄蝶

1320 / 1912 | 台湾瑟弄蝶

1297 / ——— | 台湾射纹星弄蝶

0859 / 1708 | 台湾帅蛱蝶

1080 / ——— | 台湾铁灰蝶

1238 / 1869 | 台湾玄灰蝶

1042 / 1785 | 台湾银灰蝶

1400 / 1943 | 台湾赭弄蝶

0468 / ——— | 苔娜黛眼蝶

0911 / ——— | 太平翠蛱蝶

0993 / ——— | 泰环蛱蝶

0465 / ——— | 泰坦黛眼蝶

1071 / ——— | 泰雅轭灰蝶

1204 / 1836 | 昙灰蝶

0295 / ——— | 檀方粉蝶

0487 / ——— | 腾冲黛眼蝶

1000 / 1761 | 提环蛱蝶

1156 / 1815 | 天蓝双尾灰蝶

1432 / ——— | 天狼珂弄蝶

1427 / ——— | 天目孔弄蝶

1195 / ——— | 天目洒灰蝶

1112 / 1798 | 天目山金灰蝶

0244 / 1482 | 天山绢蝶

0500 / 1568 | 田园荫眼蝶

1107 / ——— | 条纹金灰蝶

0430 / ——— | 条纹小粉蝶

0733 / ——— | 帖蛱蝶

1019 / ——— | 铁木尔小蚬蝶

0210 / 1475 | 铁木剑凤蝶

1138 / 1808 | 铁木异灰蝶

0759 / ——— | 通珍蛱蝶

1299 / ——— | 同宗星弄蝶

0190 / 1470 | 统帅青凤蝶

1398 / 1942 | 透斑赭弄蝶

1427 / 1958 | 透纹孔弄蝶

1031 / 1778 | 秃尾蚬蝶

0430 / ——— | 突角小粉蝶

0577 / ——— | 突厥寿眼蝶

1371 / ——— | 突须弄蝶

0050 / ——— | 突缘麝凤蝶

0636 / 1621 | 图兰红眼蝶

0078 / ——— | 臀珠斑凤蝶

0636 / 1620 | 酡红眼蝶

W >

1111 / ——— | 瓦金灰蝶

0037 / ——— | 瓦曙凤蝶

0063 / ——— | 纨绔麝凤蝶

0392 / 1527 | 完善绢粉蝶

0315 / ——— | 万达豆粉蝶

1349 / 1923 | 万大锷弄蝶

0405 / ——— | 王氏粉蝶

1018 / ——— | 王氏小蚬蝶

0885 / 1719 | 网丝蛱蝶

0500 / ——— | 网纹荫眼蝶

0514 / 1571 | 网眼蝶

0825 / 1698 | 忘忧尾蛱蝶

1289 / 1898 | 微点大弄蝶

0286 / ——— | 微点绢蝶

1431 / ——— | 微点孔弄蝶

1403 / ——— | 微黄弄蝶

1190 / ——— | 微洒灰蝶

0311 / ——— | 韦斯豆粉蝶

0410 / ——— | 维纳粉蝶

0992 / ——— | 伪娜巴环蛱蝶

1282 / 1896 | 纬带趾弄蝶

1015 / ——— | 味蜡蛱蝶

0387 / ——— | 猬形绢粉蝶

0476 / 1558 | 文娣黛眼蝶

0731 / 1646 | 文蛱蝶

0602 / ——— | 文龙矍眼蝶

0199 / 1471 | 纹凤蝶

0700 / 1637 | 纹环蝶

1321 / 1912 | 纹毛达弄蝶

0387 / ——— | 卧龙绢粉蝶

0210 / ——— | 乌克兰剑凤蝶

1344 / ——— | 乌拉银弄蝶

1189 / 1828 | 乌洒灰碟

0433 / ——— | 污斑眼蝶

1086 / ——— | 污灰蝶

0319 / 1501 | 无标黄粉蝶

1359 / ——— | 无标陀弄蝶

1031 / 1777 | 无尾蚬蝶

1279 / 1894　｜　无趾弄蝶

1383 / ———　｜　五斑希弄蝶

1345 / ———　｜　五斑银弄蝶

1007 / ———　｜　五段环蛱蝶

1245 / 1874　｜　妩灰蝶

0844 / 1701　｜　武铠蛱蝶

1071 / ———　｜　武夷轭灰蝶

1114 / 1799　｜　雾社金灰蝶

X >

0636 / 1621　｜　西宝红眼蝶

0387 / ———　｜　西村绢粉蝶

0285 / ———　｜　西狄绢蝶

0488 / 1564　｜　西峒黛眼蝶

0311 / ———　｜　西番豆粉蝶

0567 / ———　｜　西番云眼蝶

0567 / 1591　｜　西方云眼蝶

1332 / 1915　｜　西方珠弄蝶

1100 / 1797　｜　西风金灰蝶

0285 / 1491　｜　西猴绢蝶

0758 / 1661　｜　西冷珍蛱蝶

0626 / ———　｜　西门珍眼蝶

0926 / ———　｜　西藏翠蛱蝶

0445 / ———　｜　西藏黛眼蝶

0224 / ———　｜　西藏钩凤蝶

1407 / ———　｜　西藏黄室弄蝶

0651 / ———　｜　西藏绢斑蝶

0971 / ———　｜　西藏缕蛱蝶

0785 / ———　｜　西藏麻蛱蝶

0974 / 1751　｜　西藏俳蛱蝶

1326 / 1913　｜　西藏飒弄蝶

1200 / ———　｜　西藏新灰蝶

1303 / ———　｜　西藏星弄蝶

1239 / ———　｜　西藏玄灰蝶

0222 / ———　｜　西藏旖凤蝶

1151 / ———　｜　西藏银线灰蝶

1400 / 1943　｜　西藏赭弄蝶

0765 / ———　｜　西藏珠蛱蝶

1383 / ———　｜　希弄蝶

0574 / ———　｜　锡金拟酒眼蝶

1022 / 1772　｜　锡金尾褐蚬蝶

1303 / 1903　｜　锡金星弄蝶

1228 / 1860　｜　锡冷雅灰蝶

1038 / 1783　｜　熙灰蝶

0763 / 1662　｜　膝宝蛱蝶

0244 / ———　｜　羲和绢蝶

0804 / 1684　｜　喜来盛蛱蝶

0712 / 1640　｜　喜马箭环蛱蝶

0763 / ———　｜　细宝蛱蝶

1007 / ———　｜　细带链环蛱蝶

0837 / ———　｜　细带闪蛱蝶

0492 / 1565　｜　细黛眼蝶

0452 / ———　｜　细黑黛眼蝶

1219 / 1854　｜　细灰蝶

0584 / ———　｜　细眉林眼蝶

0889 / ———　｜　细纹波蛱蝶

0199 / ———　｜　细纹凤蝶

0950 / ———　｜　细线蛱蝶

0597 / ———　｜　狭翅矍眼蝶

0257 / 1484　｜　夏梦绢蝶

0417 / 1541　｜　纤粉蝶

0484 / ———　｜　纤细黛眼蝶

1417 / 1951　｜　籼弄蝶

1386 / ———　｜　显脉须弄蝶

1357 / 1929　｜　显飕弄蝶

1402 / ———　｜　线豹弄蝶

1046 / 1786　｜　线灰蝶

1289 / ———　｜　线纹大弄蝶

0484 / ———　｜　线纹黛眼蝶

0961 / 1745　｜　相思带蛱蝶

1396 / 1942　｜　肖小赭弄蝶

0745 / 1656　｜　小豹蛱蝶

0940 / 1732　｜　小豹律蛱蝶

0305 / ———　｜　小豆粉蝶

0930 / ———　｜　小渡带翠蛱蝶

1350 / 1925　｜　小锷弄蝶

0790 / ———　｜　小钩蛱蝶

0078 / 1448　｜　小黑斑凤蝶

0793 / 1675　｜　小红蛱蝶

0244 / 1482　｜　小红珠绢蝶

0980 / 1753　｜　小环蛱蝶

0616 / ———　｜　小睛眼蝶

0524 / ———　｜　小链眼蝶

0525 / ———　｜　小毛眼蝶

0533 / 1577　｜　小眉眼蝶

0363 / 1522　｜　小蘖绢粉蝶

1340 / ——— | 小弄蝶
1157 / ——— | 小珀灰蝶
0453 / ——— | 小圈黛眼蝶
1130 / 1803 | 小娆灰蝶
1379 / ——— | 小素弄蝶
1323 / 1913 | 小纹飒弄蝶
1046 / 1786 | 小线灰蝶
1376 / ——— | 小星姜弄蝶
1299 / 1901 | 小星弄蝶
0587 / ——— | 小型林眼蝶
1345 / ——— | 小银弄蝶
0448 / ——— | 小云斑黛眼蝶
1396 / 1941 | 小赭弄蝶
0512 / ——— | 斜斑丽眼蝶
0697 / 1636 | 斜带环蝶
0844 / ——— | 斜带铠蛱蝶
1353 / ——— | 斜带弄蝶
1031 / 1779 | 斜带缺尾蚬蝶
0203 / 1471 | 斜纹绿凤蝶
0703 / 1640 | 心斑箭环蝶
1260 / 1884 | 欣灰蝶
0452 / ——— | 新带黛眼蝶
1373 / 1934 | 新红标弄蝶
0315 / ——— | 新疆豆粉蝶
1270 / ——— | 新眼灰蝶
0926 / 1728 | 新颖翠蛱蝶
0961 / 1743 | 新月带蛱蝶
0804 / ——— | 星豹盛蛱蝶
1334 / 1918 | 星点弄蝶
1386 / ——— | 星须弄蝶
0311 / ——— | 兴安豆粉蝶
0965 / 1747 | 幸福带蛱蝶
0737 / 1649 | 幸运辘蛱蝶
1144 / 1810 | 雄球桠灰蝶
1064 / ——— | 熊猫癞灰蝶
0878 / 1716 | 秀蛱蝶
1186 / ——— | 秀始灰蝶
1238 / 1869 | 玄灰蝶
0570 / 1594 | 玄裳眼蝶
0961 / 1742 | 玄珠带蛱蝶
0632 / ——— | 渲黑眼蝶
0885 / ——— | 雪白丝蛱蝶
1346 / ——— | 雪斑银弄蝶

1248 / 1877 | 熏衣琉璃灰蝶

Y >

1139 / 1808 | 丫灰蝶
0392 / 1528 | 丫纹绢粉蝶
0974 / 1750 | 丫纹俳蛱蝶
1038 / 1784 | 蚜灰蝶
1226 / 1858 | 雅灰蝶
1379 / 1938 | 雅弄蝶
0562 / 1590 | 亚洲白眼蝶
0984 / ——— | 烟环蛱蝶
1373 / 1934 | 腌翅弄蝶
1407 / ——— | 严氏黄室弄蝶
0453 / ——— | 妍黛眼蝶
0339 / 1514 | 艳妇斑粉蝶
1121 / 1800 | 艳灰蝶
0178 / 1465 | 燕凤蝶
1172 / 1823 | 燕灰蝶
0953 / 1738 | 扬眉线蛱蝶
1037 / ——— | 羊毛云灰蝶
1195 / ——— | 杨氏洒灰蝶
1138 / 1807 | 杨陶灰蝶
1414 / 1950 | 幺纹稻弄蝶
0453 / ——— | 腰黛眼蝶
0854 / 1705 | 爻蛱蝶
0775 / ——— | 瑶蛱蝶
1211 / 1844 | 耀彩灰蝶
1106 / ——— | 耀金灰蝶
0980 / 1755 | 耶环蛱蝶
1390 / ——— | 椰弄蝶
0285 / ——— | 野濑绢蝶
0848 / 1702 | 夜迷蛱蝶
1249 / 1880 | 一点灰蝶
1152 / ——— | 伊凡银线灰蝶
1000 / 1762 | 伊洛环蛱蝶
0745 / 1655 | 伊诺小豹蛱蝶
0905 / ——— | 伊瓦翠蛱蝶
1199 / ——— | 伊洲新灰蝶
1211 / 1845 | 依彩灰蝶
0519 / ——— | 依带眼蝶
0257 / 1483 | 依帕绢蝶
1224 / 1857 | 疑波灰蝶
0222 / 1476 | 旖凤蝶

0661 / ——— | 旖斑蝶
1166 / ——— | 旖灰蝶
1371 / 1933 | 旖弄蝶
0571 / 1597 | 异点蛇眼蝶
0673 / 1632 | 异型紫斑蝶
0856 / 1707 | 银白蛱蝶
0752 / 1658 | 银斑豹蛱蝶
0749 / 1657 | 银豹蛱蝶
0631 / ——— | 银蟾眼蝶
0190 / 1469 | 银钩青凤蝶
1131 / 1805 | 银链娆灰蝶
1344 / ——— | 银弄蝶
1359 / 1930 | 银条陀弄蝶
0445 / 1550 | 银纹黛眼蝶
1030 / 1776 | 银纹尾蚬蝶
1169 / ——— | 银下玳灰蝶
0445 / ——— | 银线黛眼蝶
1052 / ——— | 银线工灰蝶
1150 / 1812 | 银线灰蝶
1184 / ——— | 银线梳灰蝶
1346 / ——— | 银线银弄蝶
1282 / 1896 | 银针趾弄蝶
0627 / ——— | 隐藏珍眼蝶
0339 / ——— | 隐条斑粉蝶
1420 / 1953 | 隐纹谷弄蝶
1421 / 1955 | 印度谷弄蝶
0626 / 1616 | 英雄珍眼蝶
0902 / ——— | 鹰翠蛱蝶
0022 / 1443 | 荧光裳凤蝶
1101 / ——— | 盈金灰蝶
0571 / 1597 | 永泽蛇眼蝶
1263 / ——— | 泳婀灰蝶
0314 / ——— | 勇豆粉蝶
0487 / ——— | 优美黛眼蝶
1193 / 1830 | 优秀洒灰碟
0334 / 1512 | 优越斑粉蝶
1105 / ——— | 幽斑金灰蝶
1306 / ——— | 幽窗弄蝶
0593 / 1605 | 幽矍眼蝶
1189 / ——— | 幽洒灰蝶
0627 / 1616 | 油庆珍眼蝶
0092 / 1452 | 玉斑凤蝶
0965 / 1747 | 玉杵带蛱蝶

0472 / 1557 | 玉带黛眼蝶
0092 / 1450 | 玉带凤蝶
0311 / ——— | 玉色豆粉蝶
0487 / ——— | 玉山黛眼蝶
0103 / 1453 | 玉牙凤蝶
1344 / ——— | 愈斑银弄蝶
0278 / 1490 | 元首绢蝶
0476 / 1561 | 圆翅黛眼蝶
0327 / 1509 | 圆翅钩粉蝶
0210 / ——— | 圆翅剑凤蝶
0813 / 1689 | 圆翅网蛱蝶
0430 / ——— | 圆翅小粉蝶
1042 / ——— | 圆翅银灰蝶
0616 / ——— | 圆睛眼蝶
1417 / ——— | 圆突稻弄蝶
0689 / ——— | 月纹矩环蝶
0516 / ——— | 岳眼蝶
1030 / ——— | 越南尾蚬蝶
1303 / 1903 | 越南星弄蝶
0743 / 1655 | 云豹蛱蝶
0804 / ——— | 云豹盛蛱蝶
0414 / 1537 | 云粉蝶
1211 / 1847 | 云南彩灰蝶
0519 / ——— | 云南带眼蝶
0445 / ——— | 云南黛眼蝶
1000 / ——— | 云南环蛱蝶
1100 / ——— | 云南金灰蝶
0050 / ——— | 云南麝凤蝶
0613 / ——— | 云南舜眼蝶
1046 / ——— | 云南线灰蝶
0448 / ——— | 云纹黛眼蝶
0567 / ——— | 云眼蝶
1243 / 1874 | 韫玉灰蝶

Z ＞

0617 / ——— | 杂色睛眼蝶
1350 / ——— | 藏锷弄蝶
0522 / 1572 | 藏眼蝶
1061 / 1791 | 栅黄灰蝶
0159 / ——— | 窄斑翠凤蝶
0821 / 1694 | 窄斑凤尾蛱蝶
1342 / ——— | 窄翅弄蝶
0930 / 1729 | 窄带翠蛱蝶